KB168878

코로나19 바이러스
"친환경 99% 항균잉크 인쇄"
전격 도입

언제 끝날지 모를 코로나19 바이러스
99% 항균잉크를 도입하여 「안심도서」로
독자분들의 건강과 안전을 위해 노력하겠습니다.

시대교육그룹

본 도서는 항균잉크로 인쇄하였습니다.

항균+
99%
안심도서

항균잉크의 특징

- 바이러스, 박테리아, 곰팡이 등에 항균효과가 있는 산화아연을 적용
- 산화아연은 한국의 식약처와 미국의 FDA에서 식품첨가물로 인증받아 **강력한 항균력**을 구현하는 소재
- 황색포도상구균과 대장균에 대한 테스트를 완료하여 **99%이상의 강력한 항균효과** 확인
- 잉크 내 중금속, 잔류성 오염물질 등 **유해 물질 저감**

TEST REPORT

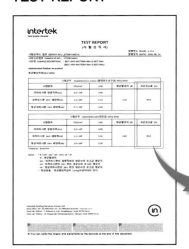

(R)	세균감소율 (%)
	99.0
(R)	세균감소율 (%)
	99.8

Clean Zone

시대교육그룹

스퀘어
Square Cake
케이크

허니쿠키 김지은 저

허 니 쿠 키 의   사 각 형   속   달 콤 한   디 저 트

시대인

제가 공방을 오픈한 지 올해로 벌써 7년이 되었네요.
그 사이 취미로 베이킹을 하기보다는 미래에 대한 투자로, 직업으로 베이킹을 하고자 하는 사람들이 많아진 시대가 되었습니다. 몇 년 전만 해도 제 수업을 들으러 오시는 분들 중 대부분이 단순한 취미로 베이킹을 배우셨는데, 지금은 매장에서 판매하기 위해 배우시거나 관련 수업을 진행하기 위해 오시는 분들이 대부분을 차지하고 있어요. 어떻게 보면 힐링을 위해 베이킹을 하시는 분들이 줄어들어 조금은 아쉬운 마음이 들기도 하지만 그만큼 베이킹에 대한 관심과 사랑이 많아졌다는 반증이 아닐까 싶습니다.

베이킹은 단순하면서도 단순하지가 않습니다.
어떻게 시작해야 하는지, 이렇게 하는 게 맞는지 가끔은 헷갈릴 때도 있고, 내가 잘하고 있는지에 대한 의문이 생기기도 하죠. 하지만 막막하고 어려울 것 같았던 해답은 항상 나에게 있었습니다. 이렇게도 만들어 보고, 또 저렇게도 만들어 보고…. 단순히 똑같이 레시피대로 만들기만 하는 게 아니라 조금 더 나은 베이킹을 위해 의문을 가지고 다양하게 시도해보면서 내 나름대로의 방법을 찾아내려고 노력했습니다. 자칫 지루할 수도 있는 과정이었지만, 지치지 않고 즐겁게 할 수 있었던 건 베이킹을 너무 좋아했기 때문이 아닌가 싶어요.

저는 수업을 들으러 오시는 분들께 항상 드리는 말씀이 있습니다. 바로 '베이킹을 즐기면서 하세요'입니다. 잘해야 한다는 압박이 있으면 오히려 실력이 늘지 않아요. 내가 즐기면서 해야 실력도 늘고 새로운 베이킹에도 도전할 수 있답니다. 똑같은 레시피에 대해 나만의 해석 방법을 찾을 수도 있고요.

〈스퀘어케이크〉가 바로 이런 과정을 통해 나온 도서입니다. 제가 알고 있는 레시피들을 제 나름대로의 방법으로 풀어서 새롭게 만들어낸 레시피들이에요. 만드는 공정과 맛…, 그 하나하나를 허니쿠키의 스타일로 풀어보려고 했어요.

이번 책은 총 3가지 방법으로 나눠 구성했습니다. 주재료에 따라 '버터 스퀘어케이크, 초콜릿 스퀘어케이크, 크림치즈 스퀘어케이크'로 말이죠. 같은 파트에 있는 레시피들은 공정이 비슷하기 때문에 메인 레시피에 설명을 최대한 자세하게 풀어서 담았어요. 설명이 많아서 어려운 듯 보이지만 한번만 꼼꼼히 읽어보면 어렵지 않게 따라 할 수 있다는 생각이 드실 거예요. 저만의 해석방법을 조금만 이해하면서 봐주시면 그다음 레시피부터는 쉽게 이해하고 따라 하실 수 있답니다.

스퀘어케이크는 요즘 가장 사랑받고 있는 메뉴 중 하나입니다. 깔끔한 모양은 물론 다양하게 응용하기도 쉬워서 특히 카페를 운영하고 있는 분들에게 인기가 많은데요. '스퀘어케이크'라는 단어가 생소하게 들릴 수도 있지만 쉽게 생각하면 우리가 좋아하는 파운드케이크와 브라우니, 치즈케이크라고 할 수 있습니다.

어렵게 생각하지 마세요. 책에서 소개하는 방법대로 하나씩 차근차근 하다 보면 금방 즐길 수 있게 되실 거예요. 앞으로 〈스퀘어케이크〉가 집에서, 또는 카페에서 많은 도움이 되었으면 좋겠습니다.

감사합니다.

Kim Ji Eun

[일러두기 *notify*]

1. 필요한 도구와 재료는 미리 준비합니다.

+ 베이킹을 처음 시작할 때 레시피를 가볍게 읽어보면서 필요한 도구와 재료를 미리 준비해두는 것이 좋습니다. 미리 준비해놓지 않으면 공정 중간에 필요한 도구를 찾으러 간다거나, 재료 준비가 덜 되어서 재료를 넣어야 하는 타이밍을 놓치거나 아예 멈추는 일이 생깁니다. 특히 재료의 경우 실온 상태로 준비해야 하거나, 가이드를 참고해 미리 만들어두어야 하는 재료들이 있으니 베이킹을 시작하기 전 반드시 확인하도록 합니다.

2. 재료에 적혀있는 분량(g)을 정확히 계량합니다.

+ 베이킹을 할 때 가장 중요한 것은 바로 '정확한 계량'입니다. 1g의 사소한 차이일지라도 완성된 제품을 비교하면 확실히 차이가 있습니다. 기본 베이킹에 익숙해진 다음에 나만의 레시피를 만들어도 늦지 않으니 처음 만들 때는 정량대로 만들어 기본을 충실히 익히시길 바랍니다.

3. 각 파트의 첫 번째, 메인 레시피는 꼼꼼히 읽어봅니다.

+ 같은 파트 내에 있는 레시피들은 공정이 겹치는 부분이 많습니다. 그렇기 때문에 메인 레시피는 공정을 아주 상세히 설명하고, 뒤에 있는 레시피는 간략하게 적어 동일한 내용이 반복되는 현상을 최대한 줄였습니다. 내가 만들고자 하는 레시피가 메인 레시피가 아니더라도 처음에는 반드시 메인 레시피에 있는 텍스트를 꼼꼼히 읽으며 과정을 파악하는 것이 실패하지 않는 지름길입니다.

4. 과정사진은 각 스퀘어케이크의 중요 부분만 수록했습니다.

+ 메인 레시피를 제외한 나머지 레시피의 과정사진은 각 스퀘어케이크에서 중요한 부분만을 골라 수록했습니다. 즉 기본적인 반죽 방법은 메인 레시피를 참고해 만들고, 특별한 재료가 들어간다거나 팬닝하는 과정만 해당 사진으로 확인하면 됩니다. 사진의 과정 번호는 왼쪽 상단에 있으며 사진의 순서는 왼쪽에서 오른쪽, 위에서 아래로 되어 있습니다.

5. 레시피를 다양하게 응용해 나만의 스퀘어케이크를 만들 수 있습니다.

+ 'BONUS. 스퀘어케이크 응용 TIP'에는 도서를 활용해 다양한 스퀘어케이크를 만드는 방법을 수록했습니다. 간단하게 세 가지 레시피만을 수록했지만, 방법만 확인하면 얼마든지 자유롭게 응용이 가능합니다. 파트 내에서, 혹은 파트와 파트를 넘나들며 나만의 새로운 스퀘어케이크를 만들어 보는 것을 추천합니다.

목차 contents

PART 1
버터 스퀘어케이크

스퀘어케이크
기초
BASIC

재료 & 도구

material & tools

베이킹을 시작하기 전 반드시 알아두어야 하는
기본 이론입니다. 제품을 만들 때 가장 중요한 건 재료가 가지
고 있는 특성을 잘 이해하는 것입니다. 그중에서도 재료의 온
도와 상태가 아주 중요한데, 특성에 따라 보관법과 사용법이
상이하니 꼼꼼히 확인해 제품의 완성도를 높이도록 합니다.
또한, 제품을 만들 때 도구를 적절히 사용하면 훨씬 빠르게
작업할 수 있습니다. 필요한 곳에 제때 쓰일 수 있도록 미리
준비한 다음 베이킹을 시작하도록 합니다.

유유

생크림

바닐라익스트랙트

바닐라빈

사워크림

소금

전분

아몬드가루

달걀

베이킹파우더

설탕

초콜릿

버터

무스코바도 설탕

밀가루

크림치즈

버터

버터는 우유에서 유지방을 분리한 다음 응고시켜 만든 유지입니다. 베이킹에서 가장 많이 사용하는 재료 중 하나로 이 책에서는 프레지덩 버터와 앵커 버터를 사용해 만들었습니다. 버터는 부드러운 상태여야 다른 재료들과 유화가 잘 되기 때문에 특별한 언급이 없다면 반드시 실온에 두어 말랑하게 만든 후 포마드 상태로 사용하도록 합니다. 버터의 상태에 따라 전자레인지로 부드럽게 풀어서 사용해도 좋습니다.

초콜릿(다크 커버춰, 화이트 커버춰)

브라우니를 만들 때 주재료가 되는 초콜릿은 카카오 함량이 높은 커버춰초콜릿만을 사용했으며, 책에서는 발로나와 깔리바우트 제품의 커버춰초콜릿을 사용해 만들었습니다. 초콜릿은 카카오의 함량에 따라 맛이 다르니 조금씩 변화를 주면서 각자의 입맛에 맞게 만들도록 합니다.

크림치즈

이 책에서는 필라델피아 크림치즈 1.36kg을 사용했습니다. 우리나라에 수입되는 필라델피아 크림치즈는 두 가지로 각각 용량도 다르고 크림 함량도 다른데, 1.36kg이 2kg보다 크림 함량도 높고 부드러워서 작업성이 좋습니다. 크림치즈 역시 버터와 마찬가지로 실온에 두어 말랑하게 만들거나 전자레인지로 살짝 데워 사용하도록 합니다.

달걀

제품의 주된 수분원인 달걀은 제품을 촉촉하게 만들고 풍미를 더해주는 역할을 하면서 동시에 재료들이 서로 잘 섞이게 하고 제품을 응고시키는 역할을 하기도 합니다. 이 책의 모든 제품에서 사용하는 달걀은 베이킹을 시작하기 전, 미리 실온에 꺼내두어 실온 상태로 만드는 것이 중요합니다. 그 이유는 달걀흰자가 수분으로 이루어져 있어 버터와 같은 유지와 잘 섞이지 않기 때문입니다. 하지만 이때 온도를 적당히 올리면 달걀과 버터가 분리되지 않고 골고루 섞여 완성도 높은 제품을 만들 수 있습니다. 간혹 실내 온도가 낮아 달걀을 실온에 꺼내두었어도 찬 기운이 남아있다면 달걀이 익지 않을 정도로만 따뜻한 물에 중탕하거나 전자레인지로 살짝 데워 사용하면 됩니다.

밀가루

밀가루는 글루텐의 함량에 따라 각각 강력분, 중력분, 박력분으로 나뉩니다. 글루텐이 많을수록 밀가루가 수분을 더 많이 빨아들이기 때문에, 같은 제품을 만들었더라도 밀가루의 종류에 따라 식감이 달라집니다. 책에서는 거의 중력분을 사용해 만들었는데, 좀 더 가벼운 식감의 제품을 만들고 싶다면 박력분으로 대체해서 만들어도 좋습니다.

설탕

베이킹에서 가장 많이 사용하는 설탕은 정제설탕인 백설탕으로 입자가 고와 잘 녹고, 색이 진하지 않아 제품의 본래 색을 잘 살려준다는 장점을 가지고 있습니다. 또한 설탕은 단맛을 내는 본래의 특징 이외에도 제품을 부드럽고 촉촉하게 만드는 역할을 하며, 보다 더 오래 보관할 수 있도록 유지 기간을 늘려주기도 합니다. 설탕을 넣을 때 가장 중요한 것은 반죽을 하는 과정에서 설탕을 완전히 녹여야 한다는 것입니다. 만약 제품을 만들 때 설탕을 완전히 녹이지 않으면 설탕의 결정화 과정이 일어나 제품이 단단해지고 보습성도 떨어지므로 최종 단계에 이르기 전에 설탕을 다 녹이는 것이 중요합니다.

무스코바도 설탕

무스코바도 설탕은 당밀 함량이 높은 설탕으로 일반 백설탕에 비해 단맛이 적고 특유의 풍미가 훨씬 강해, 풍부한 풍미를 지닌 제품을 만들 수 있습니다. 단, 수분 함량이 높기 때문에 잘 뭉치므로 사용하기 전에 손으로 덩어리를 풀어주어야 반죽에 골고루 섞입니다. 만약 무스코바도 설탕이 없다면 유기농 황설탕을 사용해도 좋은데, 이 경우 풍미는 조금 떨어질 수 있습니다.

아몬드가루

아몬드가루는 통아몬드의 껍질을 벗겨 곱게 갈아 만든 가루입니다. 제품에 아몬드의 고소함을 더함은 물론 유분을 함유하고 있어서 제품을 촉촉하게 만들어주는 역할을 하기도 합니다. 책에서는 '버터 스퀘어케이크'에서만 사용했는데, 아몬드가루를 넣어 만든 제품은 다른 제품과는 다르게 고소한 맛과 보슬보슬한 식감을 갖게 됩니다. 제품에 따라 아몬드가루 대신 헤이즐넛가루를 사용해도 좋지만, 헤이즐넛가루는 아몬드가루에 비해 향이 강하니 어울릴만한 제품에만 사용하도록 합니다.

전분

전분은 케이크를 부드럽게 만들어주는 역할을 하는데, 베이킹에서는 주로 옥수수전분을 많이 사용하며 책에서는 '크림치즈 스퀘어케이크'를 만들 때 사용합니다. 단점이 있다면 전분은 밀가루에 비해 케이크를 좀 더 빨리 푸석하게 만들기 때문에 적정 분량을 넣는 것이 중요합니다.

베이킹파우더

베이킹파우더는 제과에서 가장 많이 사용하는 팽창제로 다량의 가스를 발생시켜 부피를 팽창시키고 케이크를 부드럽게 만들어줍니다. 베이킹파우더를 고를 때는 '알루미늄 프리' 제품을 선택하는 것이 좋고, 반죽에 넣을 때는 골고루 퍼질 수 있도록 밀가루와 잘 섞어 체에 내려 사용합니다.

소금

음식의 간을 맞춰주는 소금은 베이킹에서도 아주 중요합니다. 비록 적은 양이 들어가긴 하지만 소금을 넣으면 제품이 가지고 있는 각각의 특징이 잘 살아나니 반드시 넣도록 합니다. 굵은 소금을 사용할 경우 간이 골고루 배지 않을 가능성이 있으니 고운 소금을 사용하는 것이 좋으며, 짠맛이 덜한 구운 소금은 제품의 맛을 해치지 않아 사용하기에 부담이 없습니다.

우유 & 생크림 & 사워크림

우유와 생크림, 사워크림과 같은 유제품의 단백질은 제품을 촉촉하게 만들고 풍미를 높이는 역할을 하며, 유당은 제품의 구움색을 먹음직스럽게 만들어주기도 합니다. 각각의 특성을 살펴보면 우유는 생크림이나 사워크림보다 담백하고 깔끔한 맛을 내주고, 생크림은 우유에 비해 고소하고 진한 풍미를 살려줍니다. 생크림을 발효시켜 만든 사워크림은 우유나 생크림과 달리 새콤한 맛을 가지고 있어서 치즈케이크를 만들 때 아주 잘 어울립니다. 이때 생크림과 사워크림은 우유에 비해 유통기한이 굉장히 짧아 쉽게 상하니 주의해서 사용하도록 합니다.

바닐라빈 & 바닐라익스트랙트

바닐라빈과 바닐라익스트랙트는 제품에 바닐라 향을 입힘과 동시에 달걀의 비린내나 밀가루의 풋내 등을 없애는 용도로 많이 사용합니다. 바닐라빈은 보통 세로로 길게 잘라 가운데의 씨를 긁어 사용하며, 보드카에 바닐라빈 껍질과 씨를 넣어 바닐라익스트랙트를 만들기도 합니다. 바닐라익스트랙트는 제품을 만드는 공정 과정 중 아무때나 넣어도 되지만, 가급적 가루재료를 넣기 전에 넣어주는 것이 좋습니다. 책에서는 마다가스카르 산 바닐라빈을 사용했으며, 바닐라빈이 따로 들어가지 않는 제품에는 모두 바닐라익스트랙트를 한두 방울 넣어 만들었습니다.

> **+ 바닐라익스트랙트 만드는 방법**
> 재료 : 보드카 700ml 1병, 바닐라빈 10개
> 바닐라빈을 반으로 잘라 씨를 긁어낸 다음, 껍질과 씨 모두 보드카에 넣어 약 2주간 숙성시키면 완성입니다.
> 바닐라익스트랙트는 오래 숙성시킬수록 풍미가 좋아지기 때문에 미리 만들어두는 것이 좋습니다. 다만, 증류수가 섞이지 않은 100% 보드카만을 이용해 만들어야 오랫동안 숙성시켜 사용해도 문제가 없으니 주의하길 바랍니다.

믹싱기

볼 & 중탕볼

사각틀 & 사각 무스틀

체 & 분당체

미량계

저울

[도구 *tools*]

볼 & 중탕볼

적당히 깊고 넓은 스테인리스 볼을 사용하는 것이 작업성도 좋고 위생상으로도 좋습니다. 또한 다양한 크기의 볼을 넉넉히 가지고 있으면 작업이 훨씬 용이해집니다. 책에서 주로 사용한 스테인리스 볼은 지름 24cm와 30cm 크기의 볼로, 제품을 만들 때 가장 적당한 크기라고 할 수 있습니다. 초콜릿을 데울 때는 지름 20~24cm 볼이나 중탕볼을 이용하면 편리하게 작업할 수 있습니다.

체 & 분당체

가루재료의 경우 골고루 섞은 다음 체에 내려 사용해야 불순물과 덩어리를 없앨 수 있고 가루 사이사이에 공기가 들어가 반죽과 잘 섞이게 됩니다. 재료의 입자 크기에 따라서 중간체와 고운체로 나눠 사용하면 되는데, 아몬드가루처럼 입자가 굵을 경우에는 중간체로 내리고 밀가루처럼 입자가 고울 경우에는 고운체로 내립니다. 이때 장식용으로 사용하는 데코 스노우파우더나 코코아가루, 말차가루는 분당체를 사용해서 뿌리는 것이 좋습니다.

사각틀 & 사각 무스틀

다양한 크기의 사각틀이 있지만 이 책에서는 사각 2호틀(18cm)만 사용해서 만들었습니다. '버터 스퀘어케이크'의 경우 완성 후 틀과 분리하기 쉬워 사각틀이나 사각 무스틀 중 아무거나 사용해도 되지만, '초콜릿 스퀘어케이크'나 '크림치즈 스퀘어케이크'와 같이 반죽에 끈기가 없고 수분이 많은 제품들은 바닥이 뚫려있는 사각 무스틀을 이용해 완성된 제품을 쉽게 분리할 수 있도록 했습니다.

저울 & 미량계

제품을 만들 때 정확한 계량은 굉장히 중요합니다. 양이 많은 재료는 일반 저울을 사용해도 되지만, 소량을 계량해야 할 때는 미량계를 사용하는 것이 좋습니다. 특히 향이 강한 재료의 경우 명시된 분량보다 조금만 더 첨가해도 일정한 맛을 유지하기 어려우므로 반드시 미량계를 사용하도록 합니다.

믹싱기

적은 힘으로 재빨리 재료들을 풀어주거나 섞을 수 있는 믹싱기입니다. 믹싱기를 사용하면 확실히 힘이 덜 들어 편하게 작업할 수 있지만 그대신 속도 조절을 잘 해야 합니다. 빠르게 만들겠다고 고속으로 믹싱할 경우 불필요한 기공이 생겨 식감에 영향을 미치기 때문입니다. '버터 스퀘어케이크'에서 사용하는 양이라면 저속으로도 잘 믹싱되니 무리하지 않는 것이 중요합니다. 속도는 재료의 양에 따라 달라질 수 있으며, 만약 책에 적힌 분량보다 더 많이 할 경우 속도를 조금만 올려서 사용하면 됩니다.

푸드 프로세서

냄비

노루지

제스터

손거품기

미니 ㄴ자 스패출러

고무주걱

냄비

냄비 역시 다양한 크기로 준비해두는 것이 좋습니다. 설탕을 태워 캐러멜소스를 만들 때는 주걱을 사용하기 편하도록 넓고 깊은 냄비를 사용하는 것이 좋고, 우유나 생크림을 데울 때는 빨리 식지 않도록 좁고 깊은 냄비를 사용하는 것이 좋습니다.

제스터

오렌지나 레몬 껍질을 벗겨 제스트를 만들거나, 치즈를 갈 때 사용하는 도구입니다. 손잡이 부분이 넓어야 사용하기 편리하며, 칼날이 보기보다 날카로우니 사용할 때는 안전에 유의하도록 합니다.

손거품기

재료를 섞을 때 사용하는 손거품기입니다. 책에서는 주로 '초콜릿 스퀘어케이크'를 만들 때 사용했습니다. 초콜릿 스퀘어케이크 이외에 다른 제품을 만들 때도 얼마든지 사용할 수 있으며, 원하는 부분을 원하는 강도로 섞을 수 있어 밀가루가 덩어리져 쉽게 섞이지 않을 때 사용하면 좋습니다.

고무주걱 & 미니 L자 스패츌러

볼의 가장자리에 묻은 반죽을 깔끔하게 정리할 수 있는 고무주걱은 손잡이와 끝이 단단해야 손에 힘을 덜 주어도 편하게 작업할 수 있으며, 실리콘 재질을 사용하는 것이 세척도 용이하고 위생적입니다. 미니 스패츌러는 틀에 담은 반죽의 윗면을 정리하거나 크림을 다듬는 데 사용합니다. 일반적인 일자 스패츌러보다 L자 스패츌러를 사용하면 좀 더 편하게 작업할 수 있습니다.

푸드 프로세서

파트 사블레를 쉽고 빠르게 만들거나, 당근이나 치즈 등 충전물을 갈 때 사용하는 도구입니다. 재료를 손쉽게 자를 수 있어 편리하지만 재료에 따라 으깨지거나 뭉개질 수 있으니 갈리는 정도를 확인하면서 사용하도록 합니다.

노루지

틀에 깔아 완성된 제품을 깔끔하게 분리할 때 사용합니다. 노루지는 일반 유산지보다 두꺼워 오븐에서 잘 타지 않고 완성품에 들러붙지 않아 사용하기 훨씬 편리합니다. 넓은 사이즈의 노루지를 구해서 원하는 사이즈로 잘라 사용하는 것이 좋은데, 저는 주로 2절 크기를 구매해서 필요한 사이즈로 잘라 사용하고 있습니다. 틀에 노루지를 까는 방법은 '미리 준비하기'의 '종이 재단하기(p.35)'를 참고하면 됩니다.

미리 준비하기

pre-preparation

스퀘어케이크를 만들기 전 미리 준비해두어야 하는 부분입
니다. 파트 사블레와 소보로 반죽 등 다양한 충전물 만드는
방법은 물론 베이킹의 기본이라고 할 수 있는 종이 재단법까
지 친절하게 소개합니다. 미리 준비해두면 스퀘어케이크를
만들 때 다양하게 활용할 수 있습니다.

파트 사블레

분　　량 | 사각 무스틀 1개
오　　븐 | 160℃, 20분

보관방법 | 밀폐용기나 봉투에 넣어 보관
기　　간 | 실온에서 3일, 냉동으로 한 달

여기에서 소개하는 파트 사블레는 스퀘어케이크를 만들 때 바닥지로 사용하기 좋은 배합으로 만들었습니다. 달걀이 들어간 배합보다 훨씬 파삭파삭하면서도 너무 단단하지 않아 제품을 완성한 다음 잘라 먹기에 아주 좋습니다.

재료
버터 70g
슈가파우더 35g
박력분 115g

미리 준비하기
• 버터는 깍둑썰기 해 실온 상태로 만들고, 박력분은 체에 내려 준비합니다.
• 오븐은 160℃로 미리 예열해둡니다.

HOW TO MAKE

[푸드 프로세서를 사용할 경우]

1 모든 재료를 푸드 프로세서에 넣고 갈아줍니다.

2 푸드 프로세서를 충분히 돌려 날가루가 없고 매끈한 반죽이 되도록 만듭니다.

3 날가루가 없는 매끈한 반죽을 사각 무스틀에 넣고 손으로 눌러 평평하게 만듭니다.

4 160℃로 예열한 오븐에서 20분간 구워 식히면 완성입니다.
+ 완성된 파트 사블레는 노루지를 깐 틀에 넣어 준비하세요.

[손으로 만들 경우]

1 볼에 분량의 재료를 모두 담아 준비합니다.

2 재료를 가볍게 섞은 다음 손으로 버터를 으깨가며 눌러 가루 재료와 골고루 섞습니다.

3 날가루가 없고 반죽을 밀어 만져봤을 때 매끈해질 정도로 만듭니다.

4 사각 무스틀에 반죽을 넣어 평평하게 만든 다음 160℃로 예열한 오븐에서 20분간 구워 식히면 완성입니다.

캐러멜소스

보관방법 | 열탕 소독한 병에 넣어 보관
기   간 | 냉장으로 한 달

캐러멜은 케이크에 감칠맛을 내기 위한 재료로 많이 사용합니다. 주재료는 아니지만 다른 재료들을 받쳐 주며 존재감을 드러내기 때문에 제대로 만드는 것이 중요합니다. 캐러멜소스를 만들 때는 설탕을 확실히 태워 단맛을 없애고 쌉쌀한 맛이 충분히 올라오게 만들어야 합니다. 설탕의 태움 정도는 보통 색을 보고 판단하는데 사진으로 보는 것은 한계가 있으니, 자주 만들어서 맛을 보면서 쌉쌀한 맛이 나는 색을 찾도록 합니다.

재료

생크림 100g
소금 0.5g
설탕 150g

미리 준비하기

• 캐러멜소스를 담을 병은 열탕 소독해 준비합니다.

　+ 열탕 소독 방법
　냄비에 행주를 깔고 찬물을 부은 후 유리병을 넣고 끓입니다. 물이 끓고 3~5분 정도 지난 뒤 조심히 병을 꺼내 똑바로 세워서 물기를 증발 시켜 바싹 말리면 됩니다.

HOW TO MAKE

1 생크림에 소금을 넣고 끓기 직전까지 데웁니다. 이때 소금은 고운 소금을 사용해 생크림을 데우는 동안 전부 녹이고, 생크림은 사용 직전까지 식지 않게 온도를 유지합니다.

2 다른 냄비에 설탕을 넣고 태웁니다. 처음부터 설탕 전체를 저으며 섞지 말고, 중간중간 설탕이 녹은 곳만 저어주다가 반 이상 녹으면 그때부터 전체적으로 저으며 태웁니다.

　+ 처음부터 설탕을 저으며 녹이면 결정이 생길 수 있으니 처음에는 절대 젓지 마세요.

3 설탕이 다 녹고 커피의 크레마 같은 거품이 올라오면 냄비를 들어올려 잔열로 설탕을 태웁니다. 어두운 갈색이 될 때까지 태워 단맛은 없애고 쌉쌀한 맛이 올라오게 만듭니다.

　+ 색이 잘 안 나온다 싶으면 다시 불에 올려 태워도 좋아요.

캐러멜 브라우니

4 색이 충분히 난 설탕을 불에서 내려 따뜻하게 유지한 생크림을 넣고 섞습니다.
+ 양이 많다면 생크림을 조금씩 나눠 넣어 냄비 밖으로 넘치지 않도록 조심해주세요.

5 생크림과 설탕이 잘 섞였다면 다시 불에 올려 생크림과 섞는 동안 생긴 굳은 캐러멜을 녹입니다. 가장자리가 잘 굳으니 신경 써서 확인하고 전부 녹이면 완성입니다.

6 완성된 캐러멜소스는 미리 열탕 소독한 병에 담아 냉장 보관하면 됩니다.

소보로(크럼블) 반죽

보관방법 | 밀폐용기나 봉투에 넣어 보관
기   간 | 냉장으로 1주, 냉동으로 한 달

재료

[소보로 반죽]
버터 80g
설탕 100g
아몬드가루 50g
강력분 100g

[흑당 소보로 반죽]
버터 80g
무스코바도 설탕 50g
설탕 50g
아몬드가루 50g
강력분 110g

[흑임자 소보로 반죽]
버터 80g
무스코바도 설탕 50g
설탕 50g
아몬드가루 20g
흑임자가루 45g
강력분 90g

[콩가루 소보로 반죽]
버터 80g
무스코바도 설탕 50g
설탕 50g
아몬드가루 50g
볶은 콩가루 25g
강력분 80g

HOW TO MAKE

1 넓은 볼에 분량의 재료를 모두 넣고 두 손으로 가루재료와 버터를
가볍게 섞은 뒤, 버터에 가루를 묻히면서 으깨 골고루 섞습니다.
  + 버터는 미리 실온에 꺼내두어 말랑하게 만들어 준비하세요.

2 버터가 가루재료와 골고루 섞
이고 큰 버터 덩어리가 없으면
두 손으로 비벼 동글동글하게
만들면 완성입니다.
  + 푸드 프로세서에 모든 재료를 전
부 다 넣고 섞어 만들어도 좋아요.

3 완성된 소보로 반죽은 냉장고
나 냉동고에 넣어서 차갑게 만
든 후 사용합니다.
  + 차가운 상태로 사용해야 소보로 반
죽이 오븐 안에서 퍼지지 않아요.

4 위와 같은 방법으로 다양한 종
류의 소보로 반죽을 만들어 보
관하면 스퀘어케이크를 만들 때
유용하게 활용할 수 있습니다.

오렌지절임

보관방법 | 열탕 소독한 병에 넣어 보관
기　　간 | 냉장으로 3일

재료
오렌지 4개
물 110g
설탕 150g
바닐라빈 1/4개
오렌지리큐르 8g

미리 준비하기
- 오렌지는 껍질째 사용하기 때문에 식초와 베이킹소다를 이용해서 깨끗하게 세척합니다.
- 오렌지절임을 담을 병은 열탕 소독해 준비합니다.

HOW TO MAKE

1 깨끗하게 세척한 오렌지는 양쪽 끝을 두껍게 잘라버리고 3mm 두께로 슬라이스해 볼에 담습니다.

2 냄비에 분량의 물과 설탕, 바닐라빈을 넣고 설탕이 녹을 때까지 가볍게 끓입니다.

3 볼에 담은 오렌지 슬라이스 위에 뜨거운 설탕시럽과 오렌지리큐르를 넣습니다.

4 한 김 식힌 다음 랩을 오렌지와 밀착시켜 감싸고 한 번 더 랩핑한 다음 하루 정도 당침하면 완성입니다.

5 오렌지절임은 당침한 다음날부터 사용이 가능하지만 열탕 소독한 병에 넣어 2~3일 정도 보관 후 사용하면 더욱 좋습니다.

반건조 무화과절임

보관방법 | 열탕 소독한 병에 넣어 보관
기　　간 | 냉장으로 한 달, 수분과 함께 냉동 보관

재료
반건조 무화과 200g
물 110g
설탕 110g
시나몬스틱 1g
다크럼(바카디 블랙럼) 8g

미리 준비하기
• 무화과절임을 담을 병은 열탕 소독해 준비합니다.

HOW TO MAKE

1 반건조 무화과는 딱딱한 꼭지를 제거한 다음 뜨거운 물에 살짝 데쳐 불순물을 제거합니다.

2 냄비에 물과 설탕을 넣고 가볍게 끓이다가 설탕이 녹으면 데친 반건조 무화과와 시나몬스틱을 넣습니다.

3 반건조 무화과의 겉껍질이 조금 부드러워지면 불에서 내린 다음 다크럼을 넣고 가볍게 저으면 완성입니다.

4 완성된 무화과절임은 미리 열탕 소독한 병에 넣어 냉장 보관하여 사용하면 됩니다.

라즈베리잼

보관방법 I 열탕 소독한 병에 넣어 보관
기   간 I 냉장으로 3개월

재료

냉동 라즈베리 250g
설탕 125g
레몬즙 10g
물엿 20g

미리 준비하기

• 라즈베리잼을 담을 병은 열탕 소독해 준비합니다.

HOW TO MAKE

1 냄비에 냉동 라즈베리와 설탕을 넣고 강불에서 저으면서 끓입니다.

2 차가운 물에 잼을 한두 방울 떨어뜨렸을 때, 퍼지지 않고 동그란 형태가 나올 정도로 농도를 맞춥니다.

3 농도를 맞춘 뒤 레몬즙과 물엿을 넣고 골고루 섞으면 완성입니다.

4 바로 사용해야 하는 라즈베리 잼은 밧드에 덜어 충분히 식힌 후 사용하고, 남은 라즈베리잼 은 뜨거울 때 열탕 소독한 병에 담아 보관합니다.

사과조림

보관방법 | 밀폐용기에 넣어 보관
기   간 | 냉장으로 3일, 냉동으로 한 달

재료
사과 400g(사과大 2개)
설탕 100g
시나몬가루 2g
레몬즙 20g
칼바도스(사과리큐르) 10g

HOW TO MAKE

1 사과는 껍질을 벗겨 사방 2~3cm 크기로 자른 다음 냄비에 넣고 설탕과 섞어 강불에서 졸입니다.

2 주걱으로 저었을 때 냄비 바닥이 보일 정도로 졸면 시나몬가루와 레몬즙을 넣고 더 바짝 졸입니다.

3 사과가 갈색으로 변하고 더 이상 물기가 없다면, 칼바도스를 넣고 가볍게 섞어 알코올을 날리면 완성입니다.
+ '칼바도스'는 사과로 만든 브랜디입니다. 칼바도스가 없다면 화이트럼을 넣어도 좋아요.

4 완성된 사과조림은 밧드에 덜어 충분히 식힌 후 사용하면 됩니다.

레몬제스트

보관방법 | 랩으로 밀착
기   간 | 냉동으로 한 달

재료
레몬 1개

미리 준비하기
• 레몬은 껍질째 사용하기 때문에 식초와 베이킹소다를 이용해서 깨끗하게
　세척합니다.

HOW TO MAKE ─────────────────────────

1　깨끗하게 씻은 레몬을 제스터를 이용해서 노란 겉껍질 부분만 긁으면 완성입니다.
　　＋ 흰색의 속껍질까지 긁으면 쓴맛이 날 수 있으니 주의하세요.
　　＋ 오렌지나 라임 등 시트러스 계열의 과일로 제스트를 만들 때도 방법은 동일해요.

2　랩에 완성된 제스트를 펼쳐 올리고 밀착시킵니다. 이렇게 만들어
　　두었다가 필요할 때마다 꺼내 자연 해동하여 사용하면 됩니다.

가나슈

재료

커버춰초콜릿

생크림

버터

물엿

+ 상세한 분량은 각각의 레시
  피를 참고하세요.

미리 준비하기

• 분량의 생크림을 따뜻하게 데워 준비합니다.

• 버터는 미리 실온에 꺼내두어 주걱으로 쉽게 풀어질 정도로 말랑하게 만듭니다.

HOW TO MAKE

1 분량의 커버춰초콜릿을 중탕
으로 녹입니다.

+ 전자레인지를 이용해서 녹여도 좋
  아요. 초콜릿이 타지 않도록 10초
  간격으로 돌려주세요.

2 초콜릿이 어느 정도 녹으면 주
걱으로 저으면서 가볍게 섞습
니다.

3 초콜릿이 2/3 정도 녹으면 중
탕볼에서 내리고, 미리 따뜻하
게 데워둔 생크림을 넣습니다.

4 주걱으로 가운데만 저어 유화
시키다가 점점 면적을 넓혀 전
체적으로 유화시킵니다.

+ 너무 거칠게 저으면 기공이 많이
  생기니 주의하세요.

5 유화된 초콜릿에 말랑한 버터와
물엿을 넣고 가볍게 섞습니다.

6 초콜릿이 전체적으로 매끈해지
면 완성입니다.

+ 가나슈는 무스틀에 넣은 케이크 위
  에 바로 올려서 굳히거나 실온에서
  적당히 굳혀 케이크에 직접 발라도
  좋아요.

종이 재단하기

재료
노루지
사각틀

HOW TO MAKE

1 노루지 위에 사각틀을 올리고 종이가 틀 높이까지 올라오도록 크기를 맞춰 자릅니다.

2 사각틀의 바닥면을 따라 선을 긋습니다.

3 종이를 뒤집어 선을 그은 면이 바닥으로 가도록 두고, 선 안쪽으로 종이를 접습니다. 네 면을 모두 접습니다.

4 종이를 돌려가며 내 몸을 중심으로 오른쪽의 접히는 부분만 가위로 자릅니다.
  + 이렇게 자르면 종이가 안쪽으로 쓰러지는 것을 막을 수 있어요.

5 사각틀에 종이를 넣고 자른 부분을 겹쳐 정리하면 완성입니다.

버터

스퀘어케이크

B U T T E R

베리베리 크럼블 케이크

SQUARE CAKE

분	량	사각 2호틀 1개
오	븐	160℃, 20~25분
보관방법	밀폐용기나 봉투에 넣어 보관
기	간	실온에서 2~4일, 냉동으로 10일

상큼한 베리가 듬뿍 들어있는 베리베리 크럼블 케이크입니다. 베리 덕분에 시트도 촉촉하고 부드러워서 물리지 않고 맛있게 드실 수 있답니다. 다양한 종류의 베리를 넉넉히 올려서 고소한 소보로 반죽과 함께 맛있게 구워보세요.

재료

버터 100g
설탕 85g
소금 0.5g
달걀 100g
바닐라익스트랙트 1~2방울
아몬드가루 30g
박력분 105g
베이킹파우더 3g

냉동 라즈베리 30g
냉동 체리 45g
냉동 블루베리 30g
소보로 반죽(p.28) 150g

미리 준비하기

• 버터는 미리 실온에 꺼내두어 주걱으로 쉽게 풀어질 정도로 말랑하게 만듭니다.
• 소보로 반죽과 냉동 베리류를 제외한 모든 재료는 실온에 미리 꺼내두어 냉기가 사라지면 사용합니다.
• 소보로 반죽은 사용하기 직전까지 냉장고에 보관해 차갑게 준비합니다.
• 냉동 상태의 베리류는 그대로 사용해도 됩니다. 단, 냉동 체리의 경우 씨를 뺀 후 반으로 잘라 사용합니다.
• 오븐은 160℃로 예열해둡니다.
• 가이드의 35p를 참고하여 사각틀에 노루지를 깔아둡니다.

1 볼에 실온의 말랑한 버터를 넣고 주걱으로 충분
히 풀어 마요네즈 상태로 만듭니다.

+ 실내의 온도가 낮으면 버터가 부드럽게 풀어지지 않습
니다. 이럴 경우엔 버터를 랩으로 감싼 다음 손으로 주
무르거나, 전자레인지에 10초씩 데워 버터를 부드럽게
만들어주는 것이 좋습니다. 이때 버터는 녹이는 것이
아니라 부드럽게 풀어준다는 것을 잊지 말아야 합니다.

2 버터가 부드러운 마요네즈 상태로 포마드 되면 설탕과
소금을 3번에 걸쳐 나눠 넣어가며 믹싱기로 충분히 섞
어줍니다. 이때 중간중간 주걱으로 볼의 가장자리를
정리하며 골고루 섞도록 합니다.

+ 믹싱기를 사용할 경우 불필요한 기공이 많이 생기는 중속, 고
속보다는 저속으로 믹싱하는 것이 좋습니다(만약 2배합으로
만들어 버터의 양이 늘어났다면 중속으로 믹싱해도 됩니다).

+ 첫 번째 설탕을 넣고 설탕이 안 보일 정도로 믹싱한 후 두 번
째 설탕을 넣고 섞습니다. 두 번째 설탕이 안 보일 정도로 믹싱
한 다음 남은 설탕을 모두 넣어 섞다가 주걱으로 반죽을 들어
올렸을 때, 처음보다 가볍고 설탕의 크기가 어느 정도 작아졌
다면 완료합니다. 설탕 때문에 약간의 서걱거림은 있지만, 전
체적으로 버터 반죽이 가볍고 부드러운 상태가 되어야 합니다.

+ 믹싱할 때 실내의 온도가 많이 떨어져 있으면 설탕을 넣고 섞는
과정에서 버터가 다시 단단해질 수 있습니다. 이때는 따뜻한 물
이나 가스레인지로 볼 바닥만 살짝 데워서 버터를 부드러운 상
태로 만들도록 합니다. 이 과정은 버터 반죽의 상태에 따라서
여러 번 반복해도 되지만, 버터가 녹지 않도록 주의합니다.

3 다른 볼에 달걀을 푼 다음 버터 반죽에 3~4번에 걸쳐 나눠 넣어가며 버터와 분리되지 않도록 저속으로 믹싱합니다. 달걀이 완전히 섞이면 바닐라익스트랙트를 넣고 섞습니다.

+ 처음에는 달걀을 분량의 반 정도만 넣고 믹싱합니다. 달걀이 안 보일 정도로 완전히 섞이면 남은 분량의 반을 넣어 섞고, 완전히 섞이면 또다시 남은 분량의 반을 넣어 섞습니다. 달걀을 모두 넣은 다음에는 버터와 분리되지 않도록 골고루 섞되 이때도 중간 중간 볼의 가장자리를 주걱으로 정리하며 믹싱합니다.

+ 크림화한 버터의 온도보다 달걀의 온도가 낮을 경우 버터와 섞이지 않고 분리될 수 있습니다. 달걀을 미리 실온에 꺼내두었더라도 실내 온도에 따라 달걀의 온도가 낮을 수 있으니 이때는 전자레인지에 달걀을 넣어 10초씩 끊어서 데워 사용합니다. 달걀이 익지 않도록 주의하며, 손으로 만져보았을 때 따뜻할 정도로 온도를 올리면 버터와 분리되는 것을 최소화 할 수 있습니다.

+ 달걀의 비린내나 밀가루의 풋내 등 잡내를 없애주는 바닐라익스트랙트는 공정 과정 중 아무 때나 넣어도 상관없지만 가급적 가루재료를 넣기 전에 넣어주는 것이 좋습니다.

4 아몬드가루를 한 번에 넣고 주걱으로 가볍게 섞습니다.

　+ 매번 버터와 달걀이 분리되어 고생했었다면 달걀을 넣기 전에 아몬드가루를 먼저 넣어 섞어도 좋습니다. 아몬드가루의 유분이 버터의 분리를 어느 정도 막아주는 역할을 하기 때문에 좀 더 수월하게 섞을 수 있습니다.

5 박력분과 베이킹파우더를 체에 내려 넣고 고무주걱으로 반죽을 매끈하게 섞습니다.

　+ 반죽을 섞을 때는 11자를 그리며 가장자리에 날가루가 없도록 볼을 긁어가며 섞습니다. 가루가 날리지 않을 정도로 섞고 나면 반죽 표면에 밀가루 덩어리도 많고 기공도 크지만, 고무주걱으로 타원형을 그리면서 아주 빠르게 주걱질을 하면 매끈하고 부드러운 반죽이 됩니다.

　+ 반죽을 할 때는 실내 온도의 영향으로 되기가 달라지지 않도록 계속 신경 써야 합니다. 실내 온도가 낮아 반죽이 되직해지면 구웠을 때 제품의 식감이 단단해질 수 있으니, 이럴 경우에는 실내 온도를 높이거나 볼을 따뜻하게 만들어 반죽이 부드러운 상태가 되도록 합니다.

6 　노루지를 깐 사각틀에 반죽을 넣고 윗면을 미니 L자 스패츌러로 평평하게 정리한 후, 냉동 베리
　　들과 소보로 반죽을 골고루 올립니다. 그다음 160℃로 예열한 오븐에서 20~25분간 구우면 완
　　성입니다.

땅콩 라즈베리 크럼블 케이크

SQUARE CAKE

분　　　량 | 사각 2호틀 1개
오　　　븐 | 160℃, 25~30분
보관방법 | 밀폐용기나 봉투에 넣어 보관
기　　　간 | 실온에서 3~5일, 냉동으로 2주

식빵에 땅콩버터와 라즈베리잼을 바르면 정말 맛있는 간식이 되죠. 머리가 띵할 정도로 달달한 게 생각날 때 즐겨 먹던 간식인데요. 이 두 가지 재료를 케이크에 응용해 보았습니다. 달콤함은 기본, 고소한 땅콩버터와 상큼한 라즈베리잼의 조화는 먹어 보지 못한 사람들은 상상할 수도 없는 환상의 조합이랍니다.

재료

버터 82g
땅콩버터 40g
무스코바도 설탕 42g
설탕 20g
소금 0.5g
달걀 90g
바닐라익스트랙트 1~2방울

아몬드가루 25g
중력분 75g
베이킹파우더 2g

라즈베리잼(p.31) 100g
땅콩버터 100g
땅콩분태 50g
흑당 소보로 반죽(p.28) 250g

미리 준비하기

• 버터는 미리 실온에 꺼내두어 주걱으로 쉽게 풀어질 정도로 말랑하게 만듭니다.
• 흑당 소보로 반죽을 제외한 모든 재료는 실온에 미리 꺼내두어 냉기가 사라지면 사용합니다.
• 흑당 소보로 반죽은 사용하기 직전까지 냉장고에 보관해 차갑게 준비합니다.
• 땅콩분태는 미리 로스팅 해 잡내를 없애고 더욱 고소하게 만들어둡니다.
• 오븐은 160℃로 예열해둡니다.
• 가이드의 35p를 참고하여 사각틀에 노루지를 깔아둡니다.

| 1 |
| 5 |
| 6 |

1 볼에 실온의 말랑한 버터와 땅콩버터를 넣고 주걱으로 부드럽게 풀다가 믹싱기를 저속으로 맞추고 마요네즈 상태로 포마드합니다.

2 포마드 버터에 무스코바도 설탕과 설탕, 소금을 3번에 걸쳐 나눠 넣어가며 저속으로 믹싱합니다. 첫 번째 설탕을 넣고 섞다가 설탕이 안 보이면 다음 설탕을 넣고, 또다시 설탕이 안 보이면 남은 설탕을 모두 넣어 섞습니다. 중간중간 볼의 가장자리를 정리하면서 반죽이 가볍게 되도록 믹싱합니다.

3 다른 볼에 달걀을 풀고 버터에 반 정도 넣어 믹싱합니다. 달걀과 버터가 완전히 섞이면 남은 달걀의 반을 넣어 섞고, 다 섞이면 남은 달걀을 모두 넣어 믹싱합니다. 중간중간 볼 가장자리를 정리하면서 반죽을 골고루 섞고 마지막에 바닐라익스트랙트를 넣어 섞습니다.

4 아몬드가루를 넣고 가볍게 섞다가 중력분과 베이킹파우더를 체에 내려 넣고 주걱으로 11자를 그리며 섞습니다. 볼 가장자리와 주걱에 묻은 반죽을 정리하면서 날가루가 없도록 섞은 후, 주걱으로 타원형을 그리며 치대 반죽을 매끈하게 만듭니다.

5 노루지를 깐 사각틀에 반죽을 넣고 윗면을 평평하게 정리한 다음, 라즈베리잼과 땅콩버터를 짤주머니에 넣어 한 줄씩 번갈아가며 짭니다.

6 그 위에 로스팅 한 땅콩분태를 뿌린 후 흑당 소보로 반죽을 올리고 160℃로 예열한 오븐에서 25~30분간 구우면 완성입니다.

빅토리아 케이크(바닐라 케이크)

SQUARE CAKE

분	량	사각 2호틀 1개
오	븐	160℃, 30~35분
보관방법		밀폐용기나 봉투에 넣어 보관
기	간	실온에서 3~5일, 냉동으로 2주

가장 기본인 1:1:1:1 배합으로 만든 바닐라 케이크입니다. 간단하게 만든 바닐라 케이크는 우유와 함께 먹어도 좋고, 케이크를 반으로 자른 다음 가운데에 버터크림과 라즈베리잼을 발라 빅토리아 케이크로 만들어도 좋습니다. 요즘 핫한 케이크로 유명한 빅토리아 케이크는 남녀노소 모두 좋아하는 케이크랍니다.

재료

버터 150g
설탕 150g
소금 1g
달걀 150g
중력분 150g
베이킹파우더 3g
바닐라빈 1/3개
우유 25g

라즈베리잼(p.31) 120g
장식용 슈가파우더 조금

[버터크림]
버터 100g
슈가파우더 90g
바닐라익스트랙트 5g

미리 준비하기

• 버터는 미리 실온에 꺼내두어 주걱으로 쉽게 풀어질 정도로 말랑하게 만듭니다.

• 모든 재료는 실온에 미리 꺼내두어 냉기가 사라지면 사용합니다.

• 바닐라빈은 가운데를 세로로 길게 자른 다음 칼등으로 씨를 긁어 빼둡니다.

• 오븐은 160℃로 예열해둡니다.

• 가이드의 35p를 참고하여 사각틀에 노루지를 깔아둡니다.

5

8

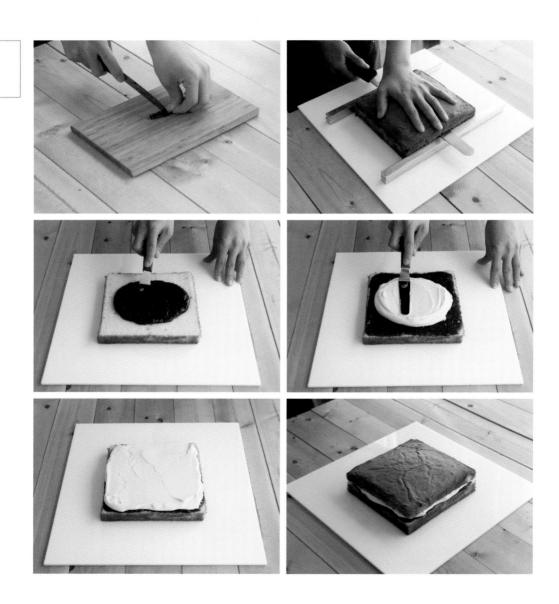

1 볼에 실온의 말랑한 버터를 넣고 주걱으로 부드럽게 풀다가 믹싱기를 저속으로 맞추고 마요네즈 상태로 포마드합니다.

2 포마드 버터에 설탕과 소금을 3번에 걸쳐 나눠 넣어가며 저속으로 믹싱합니다. 첫 번째 설탕을 넣고 섞다가 설탕이 안 보이면 다음 설탕을 넣고, 또다시 설탕이 안 보이면 남은 설탕을 모두 넣어 섞습니다. 중간중간 볼의 가장자리를 정리하면서 반죽이 가볍게 되도록 믹싱합니다.

3 다른 볼에 달걀을 풀고 버터에 반 정도 넣어 믹싱합니다. 달걀과 버터가 완전히 섞이면 남은 달걀의 반을 넣어 섞고, 다 섞이면 남은 달걀을 모두 넣어 믹싱합니다. 중간중간 볼 가장자리를 정리하면서 반죽을 골고루 섞습니다.

4 중력분과 베이킹파우더를 체에 내려 넣고 주걱으로 11자를 그리며 섞습니다. 중간중간 볼 가장자리와 주걱에 묻은 반죽을 정리하면서 날가루가 없도록 섞습니다.

5 미리 긁어낸 바닐라빈 씨와 우유를 넣고 가볍게 섞은 후 주걱으로 타원형을 그리며 치대 반죽을 매끈하게 만듭니다.

6 노루지를 깐 사각틀에 반죽을 넣고 윗면을 평평하게 정리한 다음, 160℃로 예열한 오븐에서 30~35분간 구워 완전히 식힙니다.

7 **[버터크림]** 볼에 버터와 슈가파우더를 넣고 믹싱기나 손거품기를 이용해서 섞다가 바닐라익스트랙트를 넣고 크림이 매끈하고 뽀얗게 될 때까지 섞어 버터크림을 만듭니다.

8 완전히 식은 시트를 반으로 자르고 한쪽 시트 위에 라즈베리잼과 버터크림을 바릅니다. 그 위에 남은 시트를 덮고 냉장고에서 30분 정도 굳힌 다음, 먹기 직전에 장식용 슈가파우더를 뿌리면 완성입니다.

커피 무화과 크럼블 케이크

SQUARE CAKE

분　　　량 | 사각 2호틀 1개
오　　　븐 | 165℃, 25~30분
보관방법 | 밀폐용기나 봉투에 넣어 보관
기　　　간 | 실온에서 3~5일, 냉동으로 2주

반건조 무화과를 절임으로 만들어두면 어떤 디저트를 만들어
도 정말 맛있습니다. 무화과절임은 무화과의 맛을 살려줌과 동
시에 쫀득쫀득하면서도 톡톡 터지는 식감으로 케이크를 더욱
재미있게 만들어주는데요. 여기에 고소한 호두와 커피를 함께
넣어 맛있는 케이크를 만들었습니다.

재료

버터 110g
무스코바도 설탕 55g
설탕 40g
소금 0.5g
달걀 100g
바닐라익스트랙트 1~2방울

아몬드가루 30g
중력분 100g
인스턴트 커피가루 3g
베이킹파우더 2g
우유 25g

호두분태 50g
반건조 무화과절임(p.30) 150g
흑당 소보로 반죽(p.28) 150g

미리 준비하기

• 버터는 미리 실온에 꺼내두어 주걱으로 쉽게 풀어질 정도로 말랑하게 만듭니다.
• 흑당 소보로 반죽을 제외한 모든 재료는 실온에 미리 꺼내두어 냉기가 사라지면 사용합니다.
• 흑당 소보로 반죽은 사용하기 직전까지 냉장고에 보관해 차갑게 준비합니다.
• 호두분태는 190℃로 예열한 오븐에서 8분간 구워 로스팅 한 다음 식혀둡니다.
• 반건조 무화과절임은 키친타월에 올려 물기를 제거한 다음 먹기 좋은 크기로 자릅니다.
• 오븐은 165℃로 예열해둡니다.
• 가이드의 35p를 참고하여 사각틀에 노루지를 깔아둡니다.

| 4 |
| 5 |
| 6 |

1 　볼에 실온의 말랑한 버터를 넣고 주걱으로 부드럽게 풀다가 믹싱기를 저속으로 맞추고 마요네즈
　 상태로 포마드합니다.

2 　포마드 버터에 무스코바도 설탕과 설탕, 소금을 3번에 걸쳐 나눠 넣어가며 저속으로 믹싱합니다.
　 첫 번째 설탕을 넣고 섞다가 설탕이 안 보이면 다음 설탕을 넣고, 또다시 설탕이 안 보이면 남은
　 설탕을 모두 넣어 섞습니다. 중간중간 볼의 가장자리를 정리하면서 반죽이 가볍게 되도록 믹싱합
　 니다.

3 　다른 볼에 달걀을 풀고 버터에 반 정도 넣어 믹싱합니다. 달걀과 버터가 완전히 섞이면 남은 달걀
　 의 반을 넣어 섞고, 다 섞이면 남은 달걀을 모두 넣어 믹싱합니다. 중간중간 볼 가장자리를 정리
　 하면서 반죽을 골고루 섞고 마지막에 바닐라익스트랙트를 넣어 섞습니다.

4 　아몬드가루를 넣고 가볍게 섞다가 중력분과 인스턴트 커피가루, 베이킹파우더를 체에 내려 넣고
　 주걱으로 11자를 그리며 섞습니다. 볼 가장자리와 주걱에 묻은 반죽을 정리하면서 날가루가 없도
　 록 섞은 후 우유를 넣고 주걱으로 타원형을 그리며 치대 반죽을 매끈하게 만듭니다.

5 　로스팅 한 호두분태와 적당한 크기로 자른 반건조 무화과절임을 넣고 가볍게 섞습니다.
　 + 구운 호두를 구입했더라도 한 번 더 로스팅을 해 수분을 날리면 더욱 고소하고 바삭하게 먹을 수 있어요.

6 　노루지를 깐 사각틀에 반죽을 넣고 윗면을 평평하게 정리한 다음 흑당 소보로 반죽을 올려,
　 165℃로 예열한 오븐에서 25~30분간 구우면 완성입니다.

애플 시나몬 크럼블 케이크

SQUARE CAKE

분　　량 | 사각 2호틀 1개
오　　븐 | 160℃, 25~30분
보관방법 | 밀폐용기나 봉투에 넣어 보관
기　　간 | 실온에서 2~4일, 냉동으로 10일

맛있는 제철 사과를 더욱 맛있게 먹는 법! 바로 사과조림을 만들어두는 것인데요. 상큼하고 달콤한 사과조림을 사용해 크럼블 케이크를 만들어보았습니다. 큼직한 사과조림이 쫀득하게 씹히는 케이크에 아이스크림을 한 스쿱 올리면 카페 디저트라고 해도 손색이 없습니다.

재료

버터 90g
무스코바도 설탕 40g
설탕 45g
소금 0.5g
달걀 80g
바닐라익스트랙트 1~2방울

아몬드가루 25g
중력분 85g
시나몬가루 0.8g
베이킹파우더 2g
칼바도스(사과리큐르) 5g
우유 25g

호두분태 20g
사과조림(p.32) 240g
소보로 반죽(p.28) 100g

미리 준비하기

- 버터는 미리 실온에 꺼내두어 주걱으로 쉽게 풀어질 정도로 말랑하게 만듭니다.
- 소보로 반죽을 제외한 모든 재료는 실온에 미리 꺼내두어 냉기가 사라지면 사용합니다.
- 소보로 반죽은 사용하기 직전까지 냉장고에 보관해 차갑게 준비합니다.
- 호두분태는 190℃로 예열한 오븐에서 8분간 구워 로스팅 한 다음 식혀둡니다.
- 오븐은 160℃로 예열해둡니다.
- 가이드의 35p를 참고하여 사각틀에 노루지를 깔아둡니다.

5	
6	7

1 볼에 실온의 말랑한 버터를 넣고 주걱으로 부드럽게 풀다가 믹싱기를 저속으로 맞추고 마요네즈 상태로 포마드합니다.

2 포마드 버터에 무스코바도 설탕과 설탕, 소금을 3번에 걸쳐 나눠 넣어가며 저속으로 믹싱합니다. 첫 번째 설탕을 넣고 섞다가 설탕이 안 보이면 다음 설탕을 넣고, 또다시 설탕이 안 보이면 남은 설탕을 모두 넣어 섞습니다. 중간중간 볼의 가장자리를 정리하면서 반죽이 가볍게 되도록 믹싱합니다.

3 다른 볼에 달걀을 풀고 버터에 반 정도 넣어 믹싱합니다. 달걀과 버터가 완전히 섞이면 남은 달걀의 반을 넣어 섞고, 다 섞이면 남은 달걀을 모두 넣어 믹싱합니다. 중간중간 볼 가장자리를 정리하면서 반죽을 골고루 섞고 마지막에 바닐라익스트랙트를 넣어 섞습니다.

4 아몬드가루를 넣고 가볍게 섞다가 중력분과 시나몬가루, 베이킹파우더를 체에 내려 넣고 주걱으로 11자를 그리며 섞습니다. 볼 가장자리와 주걱에 묻은 반죽을 정리하면서 날가루가 없도록 골고루 섞습니다.

5 칼바도스와 우유를 넣고 가볍게 섞은 후 주걱으로 타원형을 그리며 치대 반죽을 매끈하게 만듭니다.
    + '칼바도스'는 사과로 만든 브랜디입니다. 칼바도스가 없다면 화이트럼으로 대체해주세요.

6 노루지를 깐 사각틀에 반죽을 넣고 윗면을 평평하게 정리한 다음, 로스팅 한 호두분태를 올리고 그 위에 사과조림을 듬뿍 올립니다.

7 마지막으로 소보로 반죽을 올리고 160℃으로 예열한 오븐에서 25~30분간 구우면 완성입니다.

흑당 콩가루 크럼블 케이크

SQUARE CAKE

분　　량 | 사각 2호틀 1개
오　　븐 | 160℃, 25~30분
보관방법 | 밀폐용기나 봉투에 넣어 보관
기　　간 | 실온에서 3~5일, 냉동으로 2주

무스코바도 설탕은 영양가가 높으면서도 풍미가 깊고 향긋해서 제가 자주 사용하는 재료입니다. 이런 풍미는 고소한 맛과 굉장히 잘 어울리는데요. 고소한 콩가루와 무스코바도 설탕을 듬뿍 넣어 만든 케이크입니다. 반죽 사이에 무스코바도 설탕을 꼭 넣어서 만들어보세요. 다른 제품들과 차원이 다른 풍미를 직접 느낄 수 있답니다.

재료

버터 120g
무스코바도 설탕 A 60g
설탕 50g
소금 0.5g
달걀 110g
바닐라익스트랙트 1~2방울

아몬드가루 35g
중력분 120g
볶은 콩가루 25g
베이킹파우더 2g

구운 콩가루 소보로(p.28) 110g
무스코바도 설탕 B 15g
콩가루 소보로 반죽(p.28) 150g

미리 준비하기

• 버터는 미리 실온에 꺼내두어 주걱으로 쉽게 풀어질 정도로 말랑하게 만듭니다.
• 소보로 반죽을 제외한 모든 재료는 실온에 미리 꺼내두어 냉기가 사라지면 사용합니다.
• 110g의 콩가루 소보로 반죽은 180℃ 오븐에서 10분간 구운 다음 식혀서 준비합니다.
• 150g의 콩가루 소보로 반죽은 사용하기 직전까지 냉장고에 보관해 차갑게 준비합니다.
• 오븐은 160℃로 예열해둡니다.
• 가이드의 35p를 참고하여 사각틀에 노루지를 깔아둡니다.

5

1 볼에 실온의 말랑한 버터를 넣고 주걱으로 부드럽게 풀다가 믹싱기를 저속으로 맞추고 마요네즈 상태로 포마드합니다.

2 포마드 버터에 무스코바도 설탕 A와 설탕, 소금을 3번에 걸쳐 나눠 넣어가며 저속으로 믹싱합니다. 첫 번째 설탕을 넣고 섞다가 설탕이 안 보이면 다음 설탕을 넣고, 또다시 설탕이 안 보이면 남은 설탕을 모두 넣어 섞습니다. 중간중간 볼의 가장자리를 정리하면서 반죽이 가볍게 되도록 믹싱합니다.

3 다른 볼에 달걀을 풀고 버터에 반 정도 넣어 믹싱합니다. 달걀과 버터가 완전히 섞이면 남은 달걀의 반을 넣어 섞고, 다 섞이면 남은 달걀을 모두 넣어 믹싱합니다. 중간중간 볼 가장자리를 정리하면서 반죽을 골고루 섞고 마지막에 바닐라익스트랙트를 넣어 섞습니다.

4 아몬드가루를 넣고 가볍게 섞다가 중력분과 볶은 콩가루, 베이킹파우더를 체에 내려 넣고 주걱으로 11자를 그리며 섞습니다. 볼 가장자리와 주걱에 묻은 반죽을 정리하면서 날가루가 없도록 섞은 후, 주걱으로 타원형을 그리며 치대 반죽을 매끈하게 만듭니다.

5 노루지를 깐 사각틀에 반죽을 반 정도만 넣고 평평하게 정리한 후 구운 콩가루 소보로와 무스코바도 설탕 B를 올리고 남은 반죽으로 그 위를 덮습니다. 다시 반죽 위를 평평하게 만들고 콩가루 소보로 반죽을 올린 다음 160℃로 예열한 오븐에서 25~30분간 구우면 완성입니다.

+ 짤주머니에 반죽을 넣어 팬닝하면 더욱 깔끔하게 만들 수 있어요.

+ 콩가루 소보로 반죽을 한번 구워 반죽 속에 넣으면 콩가루의 고소한 맛을 더욱 끌어올릴 수 있어요.

고구마 바나나 크럼블 케이크

SQUARE CAKE

분　　　량 | 사각 2호틀 1개
오　　　븐 | 170℃, 20~25분
보관방법 | 밀폐용기나 봉투에 넣어 보관
기　　　간 | 실온에서 2~3일, 냉동으로 10일

잘 익은 고구마와 바나나를 듬뿍 넣은 케이크는 포만감을 높여주기 때문에 출출할 때 먹기에 아주 좋습니다. 큼직하게 썬 고구마는 식감을 좋게 하고, 충분히 으깬 바나나는 촉촉함을 오랫동안 유지시켜 끝까지 맛있게 먹을 수 있는데요. 하루가 지나도 이틀이 지나도 은은하게 퍼지는 바나나 향은 기분까지 좋게 만들어요.

재료

버터 100g
설탕 90g
소금 0.5g
달걀 100g
바닐라익스트랙트 1~2방울

아몬드가루 35g
중력분 70g
시나몬가루 0.7g
베이킹파우더 2g

삶은 고구마 170g
으깬 바나나 120g
소보로 반죽(p.28) 150g

미리 준비하기

• 버터는 미리 실온에 꺼내두어 주걱으로 쉽게 풀어질 정도로 말랑하게 만듭니다.
• 소보로 반죽을 제외한 모든 재료는 실온에 미리 꺼내두어 냉기가 사라지면 사용합니다.
• 소보로 반죽은 사용하기 직전까지 냉장고에 보관해 차갑게 준비합니다.
• 고구마는 2~3cm로 깍둑썰기한 다음 전자레인지나 찜기에 쪄두고, 바나나는 포크로 으깹니다.
• 오븐은 170℃로 예열해둡니다.
• 가이드의 35p를 참고하여 사각틀에 노루지를 깔아둡니다.

5

6

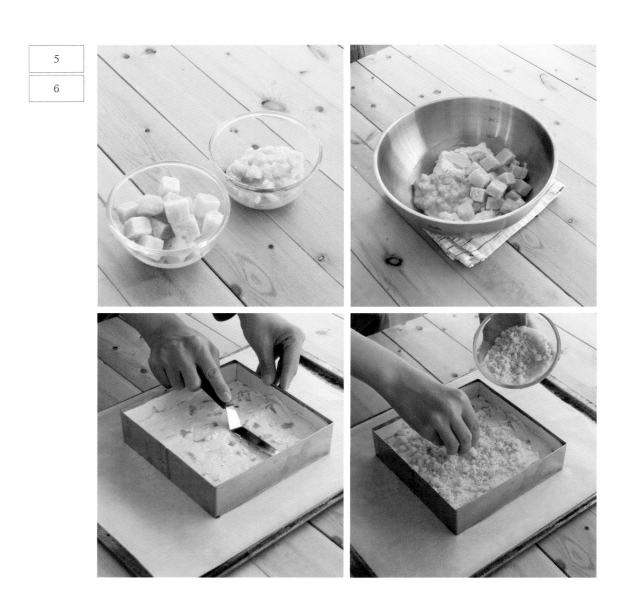

1 볼에 실온의 말랑한 버터를 넣고 주걱으로 부드럽게 풀다가 믹싱기를 저속으로 맞추고 마요네즈 상태로 포마드합니다.

2 포마드 버터에 설탕과 소금을 3번에 걸쳐 나눠 넣어가며 저속으로 믹싱합니다. 첫 번째 설탕을 넣고 섞다가 설탕이 안 보이면 다음 설탕을 넣고, 또다시 설탕이 안 보이면 남은 설탕을 모두 넣어 섞습니다. 중간중간 볼의 가장자리를 정리하면서 반죽이 가볍게 되도록 믹싱합니다.

3 다른 볼에 달걀을 풀고 버터에 반 정도 넣어 믹싱합니다. 달걀과 버터가 완전히 섞이면 남은 달걀의 반을 넣어 섞고, 다 섞이면 남은 달걀을 모두 넣어 믹싱합니다. 중간중간 볼 가장자리를 정리하면서 반죽을 골고루 섞고 마지막에 바닐라익스트랙트를 넣어 섞습니다.

4 아몬드가루를 넣고 가볍게 섞다가 중력분과 시나몬가루, 베이킹파우더를 체에 내려 넣고 주걱으로 11자를 그리며 섞습니다. 볼 가장자리와 주걱에 묻은 반죽을 정리하면서 날가루가 없도록 섞은 후 주걱으로 타원형을 그리며 치대 반죽을 매끈하게 만듭니다.

5 삶은 고구마와 으깬 바나나를 넣고 가볍게 섞습니다.
  + 고구마의 단맛이 부족할 경우 고구마를 삶을 때 설탕과 소금을 조금 넣어서 삶으면 단맛이 살아나요. 단맛이 부족하면 케이크의 맛이 전체적으로 심심해질 수 있으니 꼭 고구마의 당도를 확인하세요.
  + 바나나는 검은 점이 생길 정도로 잘 익은 것을 사용해주세요.

6 노루지를 깐 사각틀에 반죽을 넣고 윗면을 평평하게 정리한 다음, 소보로 반죽을 듬뿍 올리고 170℃로 예열한 오븐에서 20~25분간 구우면 완성입니다.

옥수수 치즈 크럼블 케이크

SQUARE CAKE

분	량	사각 2호틀 1개
오	븐	165℃, 30~35분
보관방법		밀폐용기나 봉투에 넣어 보관
기	간	실온에서 2~4일, 냉동으로 10일

단짠단짠 케이크는 은근히 중독성이 있어서 뒤돌아서면 자꾸 생각나는 매력이 있어요. 치즈의 짭조름함과 케이크의 달달함, 여기에 살짝 말린 옥수수의 쫀득하고 고소함이 잘 어우러져 자꾸만 생각나는 크럼블 케이크를 소개합니다.

재료

버터 150g
설탕 135g
소금 1.5g
달걀 135g
바닐라익스트랙트 1~2방울
중력분 88g
옥수수가루 30g
베이킹파우더 3g

체더치즈 슬라이스 60g
캔 옥수수 90g
소보로 반죽(p.28) 150g

미리 준비하기

- 버터는 미리 실온에 꺼내두어 주걱으로 쉽게 풀어질 정도로 말랑하게 만듭니다.
- 소보로 반죽을 제외한 모든 재료는 실온에 미리 꺼내두어 냉기가 사라지면 사용합니다.
- 소보로 반죽은 사용하기 직전까지 냉장고에 보관해 차갑게 준비합니다.
- 캔 옥수수는 160℃로 예열한 오븐에서 7분간 말리듯이 구운 후 식혀서 준비합니다.
- 오븐은 165℃로 예열해둡니다.
- 가이드의 35p를 참고하여 사각틀에 노루지를 깔아둡니다.

4
5
6

SQUARE
CAKE

1 볼에 실온의 말랑한 버터를 넣고 주걱으로 부드럽게 풀다가 믹싱기를 저속으로 맞추고 마요네즈 상태로 포마드합니다.

2 포마드 버터에 설탕과 소금을 3번에 걸쳐 나눠 넣어가며 저속으로 믹싱합니다. 첫 번째 설탕을 넣고 섞다가 설탕이 안 보이면 다음 설탕을 넣고, 또다시 설탕이 안 보이면 남은 설탕을 모두 넣어 섞습니다. 중간중간 볼의 가장자리를 정리하면서 반죽이 가볍게 되도록 믹싱합니다.

3 다른 볼에 달걀을 풀고 버터에 반 정도 넣어 믹싱합니다. 달걀과 버터가 완전히 섞이면 남은 달걀의 반을 넣어 섞고, 다 섞이면 남은 달걀을 모두 넣어 믹싱합니다. 중간중간 볼 가장자리를 정리하면서 반죽을 골고루 섞고 마지막에 바닐라익스트랙트를 넣어 섞습니다.

4 중력분과 옥수수가루, 베이킹파우더를 체에 내려 넣고 주걱으로 11자를 그리며 섞습니다. 볼 가장자리와 주걱에 묻은 반죽을 정리하면서 날가루가 없도록 섞은 후, 주걱으로 타원형을 그리며 치대 반죽을 매끈하게 만듭니다.

5 체더치즈 슬라이스와 오븐에서 건조한 캔 옥수수를 넣고 가볍게 섞습니다.
  + 체더치즈는 슬라이스 된 것을 사용하는 것이 좋아요.
  + 캔 옥수수를 물기만 제거해 그대로 사용하면 시트에 수분이 너무 많아져요. 그렇기 때문에 반드시 물기를 제거한 캔 옥수수를 160℃로 예열한 오븐에서 7분간 살짝 말리듯이 구워서 사용해주세요.

6 노루지를 깐 사각틀에 반죽을 넣고 윗면을 평평하게 정리한 다음, 소보로 반죽을 올려 165℃로 예열한 오븐에서 30~35분간 구우면 완성입니다.

오렌지 아몬드 케이크

SQUARE CAKE

분 량	사각 2호틀 1개
오 븐	160℃, 20~25분
보관방법	밀폐용기나 봉투에 넣어 보관
기 간	실온에서 2~4일, 냉동으로 10일

상큼한 오렌지절임을 올린 오렌지 아몬드 케이크는 누구나 질리지 않고 마음껏 먹을 수 있는 케이크입니다. 비주얼도 너무 예뻐서 주변 사람들에게 선물해도 좋은데요. 만든 지 하루 정도 지난 다음에 먹으면 오렌지절임의 상큼한 향과 촉촉함이 시트에 배어서 더욱더 맛있어져요.

재료

버터 110g
설탕 100g
소금 0.5g
달걀 105g
바닐라익스트랙트 1~2방울
아몬드가루 30g
중력분 110g
베이킹파우더 2g

오렌지제스트(p.33) 7g
오렌지리큐르(코앵트로) 8g
오렌지절임(p.29) 16개

서브리모(나파주) 약간
장식용 피스타치오 커넬 2~3개
장식용 허브잎 약간

미리 준비하기

• 버터는 미리 실온에 꺼내두어 주걱으로 쉽게 풀어질 정도로 말랑하게 만듭니다.
• 모든 재료는 실온에 미리 꺼내두어 냉기가 사라지면 사용합니다.
• 오렌지절임은 키친타월에 올려 수분을 충분히 제거한 후 사용합니다.
• 오븐은 160℃로 예열해둡니다.
• 가이드의 35p를 참고하여 사각틀에 노루지를 깔아둡니다.

5
6
7

SQUARE
CAKE

1 볼에 실온의 말랑한 버터를 넣고 주걱으로 부드럽게 풀다가 믹싱기를 저속으로 맞추고 마요네즈 상태로 포마드합니다.

2 포마드 버터에 설탕과 소금을 3번에 걸쳐 나눠 넣어가며 저속으로 믹싱합니다. 첫 번째 설탕을 넣고 섞다가 설탕이 안 보이면 다음 설탕을 넣고, 또다시 설탕이 안 보이면 남은 설탕을 모두 넣어 섞습니다. 중간중간 볼의 가장자리를 정리하면서 반죽이 가볍게 되도록 믹싱합니다.

3 다른 볼에 달걀을 풀고 버터에 반 정도 넣어 믹싱합니다. 달걀과 버터가 완전히 섞이면 남은 달걀의 반을 넣어 섞고, 다 섞이면 남은 달걀을 모두 넣어 믹싱합니다. 중간중간 볼 가장자리를 정리하면서 반죽을 골고루 섞고 마지막에 바닐라익스트랙트를 넣어 섞습니다.

4 아몬드가루를 넣고 가볍게 섞다가 중력분과 베이킹파우더를 체에 내려 넣고 주걱으로 11자를 그리며 섞습니다. 볼 가장자리와 주걱에 묻은 반죽을 정리하면서 날가루가 없도록 섞습니다.

5 오렌지제스트와 오렌지리큐르를 넣고 가볍게 섞은 후 주걱으로 타원형을 그리며 치대 반죽을 매끈하게 만듭니다.
  + 오렌지제스트는 오렌지를 깨끗이 세척한 다음 제스터를 이용해서 주황색 껍질 부분만 갈아 준비하면 돼요. 가이드의 33p를 참고해 미리 갈아서 냉동했다가 사용해도 좋아요.

6 노루지를 깐 사각틀에 반죽을 넣고 윗면을 평평하게 정리한 다음 수분을 제거한 오렌지절임을 올리고, 160℃로 예열한 오븐에서 20~25분간 굽고 식힙니다.
  + 오렌지절임의 수분을 제거하지 않으면 시트가 축축해지니 반드시 키친타월에 올려 수분을 충분히 제거해주세요.

7 케이크가 완전히 식으면 서브리모를 바른 다음 피스타치오 커넬이나 허브잎으로 장식하면 완성입니다.
  + 서브리모는 나파주 종류 중 하나예요. 맛과 향이 거의 없는 제품을 사용해서 과일의 수분 손실을 막고 광택을 내주었답니다. 서브리모는 물을 섞지 않아도 되는 비가열 제품을 사용하고 적당량만 덜어 부드러운 붓을 이용해 가볍게 발라주세요.

SQUARE CAKE

분　　　량 | 사각 2호틀 1개
오　　　븐 | 160℃, 25~30분
보관방법 | 밀폐용기나 봉투에 넣어 보관
기　　　간 | 실온에서 3~5일, 냉동으로 2주

당근 케이크는 주로 오일을 사용해서 만드는데, 저는 버터에 단호박 퓌레까지 넣어 업그레이드 시켜 보았습니다. 이렇게 만드니 촉촉함도 훨씬 오래가고 든든해서 아침 대용으로도 전혀 부담이 없답니다. 취향에 따라 삶은 단호박 조각이나 견과류를 더 넉넉히 넣어도 좋아요.

재료

버터 80g	중력분 125g	**[크림치즈 프로스팅]**	**[데커레이션]**
무스코바도 설탕 65g	시나몬가루 2g	크림치즈 200g	말린 당근 슬라이스
설탕 35g	베이킹파우더 3g	버터 35g	말린 단호박 슬라이스
소금 0.7g	간 당근 50g	슈가파우더 75g	로즈마리
포도씨유 25g	단호박 퓌레 75g		시나몬가루
달걀 100g	삶은 단호박 조각 80g		
바닐라익스트랙트 1~2방울	호두분태 35g		
아몬드가루 10g			

미리 준비하기

- 버터는 미리 실온에 꺼내두어 주걱으로 쉽게 풀어질 정도로 말랑하게 만듭니다.
- 모든 재료는 실온에 미리 꺼내두어 냉기가 사라지면 사용합니다.
- 당근은 푸드 프로세서를 이용해 갈아둡니다.
- 단호박은 조각으로 잘라 전자레인지나 찜통에 찐 다음, 75g은 체에 걸러 단호박 퓌레를 만들고, 80g은 그대로 식혀 충전물을 만듭니다.
- 오븐은 160℃로 예열해둡니다.
- 가이드의 35p를 참고하여 사각틀에 노루지를 깔아둡니다.

3
6
7 9

1 볼에 실온의 말랑한 버터를 넣고 주걱으로 부드럽게 풀다가 믹싱기를 저속으로 맞추고 마요네즈 상태로 포마드합니다.

2 포마드 버터에 무스코바도 설탕과 설탕, 소금을 3번에 걸쳐 나눠 넣어가며 저속으로 믹싱합니다. 첫 번째 설탕을 넣고 섞다가 설탕이 안 보이면 다음 설탕을 넣고, 또다시 설탕이 안 보이면 남은 설탕을 모두 넣어 섞습니다. 중간중간 볼의 가장자리를 정리하면서 반죽이 가볍게 되도록 믹싱합니다.

3 포도씨유를 넣고 분리되지 않도록 골고루 믹싱합니다.

4 다른 볼에 달걀을 풀고 버터에 반 정도 넣어 믹싱합니다. 달걀과 버터가 완전히 섞이면 남은 달걀의 반을 넣어 섞고, 다 섞이면 남은 달걀을 모두 넣어 믹싱합니다. 중간중간 볼 가장자리를 정리하면서 반죽을 골고루 섞고 마지막에 바닐라익스트랙트를 넣어 섞습니다.

5 아몬드가루를 넣고 가볍게 섞다가 중력분과 시나몬가루, 베이킹파우더를 체에 내려 넣고 주걱으로 11자를 그리며 섞습니다. 볼 가장자리와 주걱에 묻은 반죽을 정리하면서 날가루가 없도록 섞습니다.

6 간 당근과 단호박 퓌레를 넣어 가볍게 섞은 후 주걱으로 타원형을 그리며 치대 반죽을 매끈하게 만듭니다. 매끈한 반죽에 삶은 단호박 조각과 호두분태를 넣고 섞습니다.
  + 단호박 퓌레를 만들 때는 삶은 단호박을 반드시 체에 내려 섬유질을 제거한 다음 사용하세요.

7 노루지를 깐 사각틀에 반죽을 넣고 윗면을 평평하게 정리한 다음, 160℃로 예열한 오븐에서 25~30분간 굽고 식힙니다.

8 **[크림치즈 프로스팅]** 볼에 크림치즈와 버터, 슈가파우더를 넣고 골고루 섞어 크림치즈 프로스팅을 만듭니다.

9 완전히 식은 케이크를 사각 무스틀에 넣고 크림치즈 프로스팅을 올려 윗면을 평평하게 다듬은 다음 냉장고에서 30분 동안 굳힙니다.

10 크림치즈 프로스팅이 굳으면 칼이나 스패츌러를 이용해 틀에서 **빼낸** 후, 말린 당근과 단호박 슬라이스, 로즈마리, 시나몬가루로 장식하면 완성입니다.

SQUARE CAKE

분　　　량 | 사각 2호틀 1개
오　　　븐 | 160℃, 20~25분
보관방법 | 밀폐용기나 봉투에 넣어 보관
기　　　간 | 실온에서 2일, 냉동으로 1주

고소한 피스타치오 시트에 상큼하고 진한 딸기 가나슈를 올려 만들었습니다. 눈에 확 띄는 비주얼은 물론 맛도 너무 잘 어울려 차와 함께 먹으면 정말 좋답니다. 고소한 맛을 좋아한다면 딸기 가나슈의 양을 조금 줄여서 만들어보세요.

재료

버터 100g
설탕 100g
소금 0.5g
달걀 100g
바닐라익스트랙트 1~2방울
피스타치오 페이스트 45g

아몬드가루 15g
중력분 110g
베이킹파우더 2g
우유 20g

[딸기 가나슈(p.34)]
딸기 커버춰초콜릿 150g
생크림 150g
버터 20g
물엿 15g

장식용 딸기 크런치 조금

미리 준비하기

• 버터는 미리 실온에 꺼내두어 주걱으로 쉽게 풀어질 정도로 말랑하게 만듭니다.
• 모든 재료는 실온에 미리 꺼내두어 냉기가 사라지면 사용합니다.
• 오븐은 160℃로 예열해둡니다.
• 가이드의 35p를 참고하여 사각틀에 노루지를 깔아둡니다.

	4	
6		7
8		9

1 볼에 실온의 말랑한 버터를 넣고 주걱으로 부드럽게 풀다가 믹싱기를 저속으로 맞추고 마요네즈 상태로 포마드합니다.

2 포마드 버터에 설탕과 소금을 3번에 걸쳐 나눠 넣어가며 저속으로 믹싱합니다. 첫 번째 설탕을 넣고 섞다가 설탕이 안 보이면 다음 설탕을 넣고, 또다시 설탕이 안 보이면 남은 설탕을 모두 넣어 섞습니다. 중간중간 볼의 가장자리를 정리하면서 반죽이 가볍게 되도록 믹싱합니다.

3 다른 볼에 달걀을 풀고 버터에 반 정도 넣어 믹싱합니다. 달걀과 버터가 완전히 섞이면 남은 달걀의 반을 넣어 섞고, 다 섞이면 남은 달걀을 모두 넣어 믹싱합니다. 중간중간 볼 가장자리를 정리하면서 반죽을 골고루 섞고 마지막에 바닐라익스트랙트를 넣어 섞습니다.

4 피스타치오 페이스트를 넣고 고무주걱으로 골고루 섞습니다.

5 아몬드가루를 넣고 가볍게 섞다가 중력분과 베이킹파우더를 체에 내려 넣고 주걱으로 11자를 그리며 섞습니다. 볼 가장자리와 주걱에 묻은 반죽을 정리하면서 날가루가 없도록 섞습니다.

6 우유를 넣고 가볍게 섞은 후 주걱으로 타원형을 그리며 치대 반죽을 매끈하게 만듭니다.

7 노루지를 깐 사각틀에 반죽을 넣고 윗면을 평평하게 정리한 다음, 160℃로 예열한 오븐에서 20~25분간 굽고 식힙니다.

8 [딸기 가나슈] 가이드의 34페이지를 참고해 딸기 가나슈를 만듭니다.

9 완전히 식은 케이크를 사각 무스틀에 넣고 딸기 가나슈를 올려 냉장고에 2시간 정도 넣어 굳힌 다음, 틀에서 빼내 딸기 크런치로 장식하면 완성입니다.
  + 바삭바삭한 식감이 일품인 시판용 딸기 크런치는 색이 너무 예뻐서 어느 케이크에 올려도 잘 어울려요.

PART 2

초콜릿
스퀘어케이크
C H O C O L A T E

말차 파베 브라우니

SQUARE CAKE

분	량	사각 무스 2호틀 1개
오	본	160℃, 20분
보관방법		밀폐용기나 봉투에 넣어 보관
기	간	실온에서 3~5일, 냉동으로 2주

쌉싸름한 말차와 달콤한 초콜릿이 기분 좋게 만난 말차 파베 브라우니입니다. 화이트 커버춰초콜릿을 사용해 말차의 싱그러운 초록색을 살리고 맛은 더욱 달콤하게 만들었어요. 여기서 저는 제주 말차가루를 사용했는데요. 일본 말차에 뒤지지 않는 색감과 맛으로 구움과자나 케이크에 쓰기 아주 좋은 제품이랍니다.

재료

화이트 커버춰초콜릿 155g
버터 95g
달걀 79g
설탕 70g
소금 1g
생크림 20g
연유 20g

바닐라익스트랙트 1~2방울
박력분 50g
말차가루 17g

장식용 말차가루 조금

미리 준비하기

• 모든 재료는 실온에 30분 정도 미리 꺼내두었다가 사용합니다.
• 오븐은 160℃로 예열해둡니다.
• 가이드의 35p를 참고하여 사각 무스틀에 노루지를 깔아둡니다.

1 볼에 화이트 커버춰초콜릿과 버터를 넣고 뜨거운 물에 올려 중탕으로 녹입니다. 초콜릿과 버터가 2/3 정도 녹
　 으면 중탕물에서 내려 남은 열기로 초콜릿과 버터를 완전히 녹입니다.

　+ 초콜릿+버터는 달걀과 섞을 때까지 계속 중탕을 하거나 따뜻한 곳에 두어서 온도를 40℃ 전후로 유지해야 합니다. 초콜릿+버
　　터의 온도가 많이 떨어지면 반죽이 단단해져서 달걀과 잘 섞이지 않게 되고, 또한 최종 상태의 반죽이 차가우면 굽고 난 후 브
　　라우니의 식감과 모양이 좋지 않습니다.

　+ 초콜릿과 버터를 녹일 때는 중탕 대신 전자레인지를 사용해도 좋습니다. 다만 전자레인지에 넣고 돌릴 경우 자칫하면 초콜릿이
　　탈 수 있으니 10초 간격으로 끊어가며 돌리고 주걱으로 골고루 섞어줍니다. 이때도 마찬가지로 초콜릿과 버터가 다 녹지 않은
　　상태에서 꺼내 잔열로 완전히 녹입니다.

2 다른 볼에 달걀을 풀어 알끈을 제거하고 설탕과 소금을 넣어 가볍게 섞습니다. 그다음 뜨거운 중탕물에 올려 손거품기를 좌우로 흔들면서 온도를 35~40℃까지 올립니다. 이때 온도를 올리면서 설탕은 완전히 녹입니다.

+ 설탕이 완전히 다 녹아야 제품을 완성했을 때 오랫동안 촉촉하고 부드러운 식감으로 먹을 수 있습니다.

+ 손거품기는 천천히 좌우로 흔들면서 사용해 달걀 거품이 많이 생기지 않도록 주의합니다. 온도를 올릴 때는 달걀이 익지 않도록 볼의 가장자리를 긁으며 저어주는 것이 좋습니다.

3 따뜻하게 유지한 초콜릿과 버터 반죽을 달걀 반죽에 넣고 손거품기를 세워서 천천히 돌리며 매끈하게 섞습니다.

+ 손거품기를 수직으로 세워서 섞어야 반죽에 공기가 들어가지 않습니다.

+ 처음에는 반죽이 분리되는 것 같아 보이지만 충분히 섞어주면 반죽이 유화되어 매끈하게 섞입니다. 이때 초콜릿+버터 반죽과 달걀 반죽의 온도가 40℃ 정도로 비슷해야 더욱 잘 섞입니다.

4 생크림과 연유를 넣고 가볍게 섞다가 바닐라익스트랙트를 넣어 섞습니다.

　+ 이때도 마찬가지로 손거품기를 세워서 천천히 섞어 공기가 많이 들어가지 않도록 합니다.

　+ 생크림과 연유도 전자레인지에 살짝 데워서 35~40℃ 사이로 올려 사용합니다.

　+ 달걀의 비린내나 밀가루의 풋내 등 잡내를 없애주는 바닐라익스트랙트는 공정 과정 중 아무 때
　　나 넣어도 상관없지만 가급적 가루재료를 넣기 전에 넣어주는 것이 좋습니다.

5 박력분과 말차가루를 체에 내려 넣고 손거품기를 세워서 매끈하게 섞습니다. 중간중간 볼
　의 가장자리를 주걱으로 정리하면서 날가루 없이 골고루 섞습니다.

　+ 가루재료를 넣고 바로 세게 섞으면 가루가 날릴 수 있으니 처음에는 천천히 전체적으로 섞다가 가루들
　　이 많이 보이지 않으면 손거품기의 아래쪽을 잡고 속도를 올려서 재빨리 섞어줍니다. 속도를 올려서 섞
　　으면 덩어리진 가루들이 쉽게 풀어지면서 매끈해지는데, 이런 상태가 되어야 맛있는 반죽이 됩니다.

6 노루지를 깐 사각 무스틀에 반죽을 붓고 윗면을 미니 스패츌러로 평평하게 만든 후, 160℃로 예열한 오븐에서 20분간 구우면 완성입니다.

+ 오븐의 사양에 따라 굽는 시간은 달라질 수 있습니다. 가운데를 꼬치로 찔렀을 때 반죽이 묻어나지 않으면 다 익은 것입니다. 이때 온도가 높으면 균일하게 부풀어 오르지 않을 수 있으니 주의합니다.

+ 완성된 말차 파베 브라우니는 냉장고에서 3시간 정도 보관해 차갑게 식힌 다음 말차가루를 뿌려 장식합니다. 브라우니는 차갑게 식힐수록 매끈하게 잘 잘리니 냉장고 대신 냉동고에서 1시간 정도 식혀도 좋습니다.

파베 브라우니

분　　량 | 사각 무스 2호틀 1개
오　　븐 | 160℃, 20~25분
보관방법 | 밀폐용기나 봉투에 넣어 보관
기　　간 | 실온에서 3~5일, 냉동으로 2주

생초콜릿과 비슷한 식감으로 만들어낸 꾸덕꾸덕한 브라우니입니다. 파베초콜릿과 어찌나 비슷한지 정사각형으로 잘라 선물 상자에 넣으면 생초콜릿으로 착각할 정도랍니다. 얼려 먹으면 더욱 맛있는 파베 브라우니에 코코아가루를 듬뿍 뿌려 선물해보세요. 받는 사람도, 주는 사람도 모두 기분 좋은 선물이 될 거예요.

재료

다크 커버춰초콜릿 150g
버터 100g
달걀 70g
무스코바도 설탕 50g
설탕 35g
소금 1g
생크림 50g
물엿 40g

바닐라익스트랙트 1~2방울
강력분 20g
코코아가루 22g

장식용 코코아가루 조금

미리 준비하기

- 모든 재료는 실온에 30분 정도 미리 꺼내두었다가 사용합니다.
- 오븐은 160℃로 예열해둡니다.
- 가이드의 35p를 참고하여 사각 무스틀에 노루지를 깔아둡니다.

3 4
5
6

SQUARE
CAKE

1 볼에 다크 커버춰초콜릿과 버터를 넣고 뜨거운 물에 올려 중탕으로 녹입니다. 완전히 녹인 초콜 릿+버터 반죽은 식지 않도록 중탕물 위에 올려 40℃ 전후로 유지합니다.
+ 초콜릿+버터 반죽의 온도가 떨어지면 다른 재료와 유화가 잘 되지 않으니 반드시 온도를 유지시켜주세요.

2 다른 볼에 달걀을 풀어 알끈을 제거하고 무스코바도 설탕과 설탕, 소금을 넣어 가볍게 섞습니다. 그다음 뜨거운 중탕물에 올려 손거품기를 좌우로 흔들면서 온도를 35~40℃까지 올립니다. 이때 설탕은 완전히 녹입니다.

3 따뜻하게 유지한 초콜릿+버터 반죽을 달걀 반죽에 넣고 손거품기로 매끈하게 섞습니다.
+ 손거품기를 사용할 때는 반죽에 공기가 들어가지 않도록 수직으로 똑바로 세워서 천천히 섞어주세요.

4 생크림과 물엿을 차례대로 넣고 손거품기를 세워서 천천히 섞다가 다 섞이면 바닐라익스트랙트를 넣고 가볍게 섞습니다.

5 강력분과 코코아가루를 체에 내려 넣고 손거품기를 세워서 가루가 날리지 않게 섞다가, 어느 정 도 반죽이 섞이면 속도를 올려서 재빨리 섞습니다. 중간중간 볼의 가장자리를 정리하면서 날가루 와 가루 덩어리가 없도록 매끈하게 섞습니다.

6 노루지를 깐 사각 무스틀에 반죽을 붓고 윗면을 미니 스패츌러로 평평하게 만든 후, 160℃로 예 열한 오븐에서 20~25분간 구우면 완성입니다.
+ 브라우니를 완전히 식힌 다음에 장식용 코코아가루를 뿌리면 더욱 완벽해져요.

흑임자 브라우니

SQUARE CAKE

분　　량 | 사각 무스 2호틀 1개
오　　븐 | 160℃, 25~30분
보관방법 | 밀폐용기나 봉투에 넣어 보관
기　　간 | 실온에서 3~5일, 냉동으로 2주

흑임자가 듬뿍 들어 있는 아주 고소한 브라우니입니다. 차갑게 만들어서 한입 베어 물면 진한 흑임자의 맛과 향이 올라오고, 적당히 부드러우면서도 꾸덕꾸덕해서 어르신들의 입맛도 한 번에 사로잡을 디저트예요. 물리지 않는 달달함이 필요하다면 흑임자 브라우니가 제격이랍니다.

재료

화이트 커버춰초콜릿 130g
버터 70g
달걀 55g
무스코바도 설탕 40g
설탕 30g
소금 1g
생크림 50g
연유 20g

바닐라익스트랙트 1~2방울
박력분 50g
흑임자가루 80g

흑임자 소보로 반죽(p.28) 150g

미리 준비하기

• 흑임자 소보로 반죽을 제외한 모든 재료는 실온에 30분 정도 미리 꺼내두었다가 사용합니다.
• 흑임자 소보로 반죽은 사용하기 직전까지 냉장고에 보관해 차갑게 준비합니다.
• 오븐은 160℃로 예열해둡니다.
• 가이드의 35p를 참고하여 사각 무스틀에 노루지를 깔아둡니다.

SQUARE
CAKE

1 볼에 화이트 커버춰초콜릿과 버터를 넣고 뜨거운 물에 올려 중탕으로 녹입니다. 완전히 녹인 초콜릿+버터 반죽은 다른 재료와 유화가 잘 되도록 중탕물 위에 올려 40℃ 전후로 유지합니다.

2 다른 볼에 달걀을 풀어 알끈을 제거하고 무스코바도 설탕과 설탕, 소금을 넣어 가볍게 섞습니다. 그다음 뜨거운 중탕물에 올려 손거품기를 좌우로 흔들면서 온도를 35~40℃까지 올립니다. 이때 설탕은 완전히 녹입니다.

3 따뜻하게 유지한 초콜릿+버터 반죽을 달걀 반죽에 넣고 손거품기로 매끈하게 섞습니다. 반죽이 매끈해지면 생크림과 연유, 바닐라익스트랙트를 차례대로 넣고 섞되, 반죽에 공기가 들어가지 않도록 손거품기를 똑바로 세워 천천히 섞습니다.

4 박력분을 체에 내려 넣고 흑임자가루를 넣은 다음 손거품기를 세워서 가루가 날리지 않게 섞다가, 어느 정도 반죽이 섞이면 속도를 올려서 재빨리 섞습니다. 중간중간 볼의 가장자리를 정리하면서 날가루와 가루 덩어리가 없도록 매끈하게 섞습니다.
  + 흑임자가루의 입자가 너무 굵으면 식감이 좋지 않을 수 있으니. 너무 굵지 않은 제품으로 사용해주세요. 만약 입자가 굵다면 푸드 프로세서에 한 번 갈아서 사용해도 좋아요.

5 노루지를 깐 사각 무스틀에 반죽을 붓고 윗면을 미니 스패츌러로 평평하게 만든 후, 흑임자 소보로 반죽을 듬뿍 올려 160℃로 예열한 오븐에서 25~30분간 구우면 완성입니다.

쑥 레몬 브라우니

SQUARE CAKE

분　　　량 | 사각 무스 2호틀 1개
오　　　븐 | 160℃, 25~30분
보관방법 | 밀폐용기나 봉투에 넣어 보관
기　　　간 | 실온에서 3~5일, 냉동으로 2주

은은한 쑥과 상큼한 레몬이 잘 어우러진 쑥 레몬 브라우니! 레몬이 쑥의 향을 해치진 않을까 우려했던 걱정과는 달리 상큼한 레몬이 은은하게 퍼지면서 쑥과 너무 잘 어울린답니다. 만약 고소한 맛을 느끼고 싶다면 레몬을 빼고 만든 다음 볶은 콩가루를 묻혀서 만들어도 너무 맛있어요.

재료

화이트 커버춰초콜릿 120g
버터 80g
달걀 58g
설탕 52g
소금 1g
레몬제스트(p.33) 2g
화이트럼 7g
연유 32g

바닐라익스트랙트 1~2방울
박력분 82g
쑥가루 20g

콩가루 소보로 반죽(p.28) 150g

미리 준비하기

• 콩가루 소보로 반죽을 제외한 모든 재료는 실온에 30분 정도 미리 꺼내두었다가 사용합니다.
• 콩가루 소보로 반죽은 사용하기 직전까지 냉장고에 보관해 차갑게 준비합니다.
• 오븐은 160℃로 예열해둡니다.
• 가이드의 35p를 참고하여 사각 무스틀에 노루지를 깔아둡니다.

4	
5	6

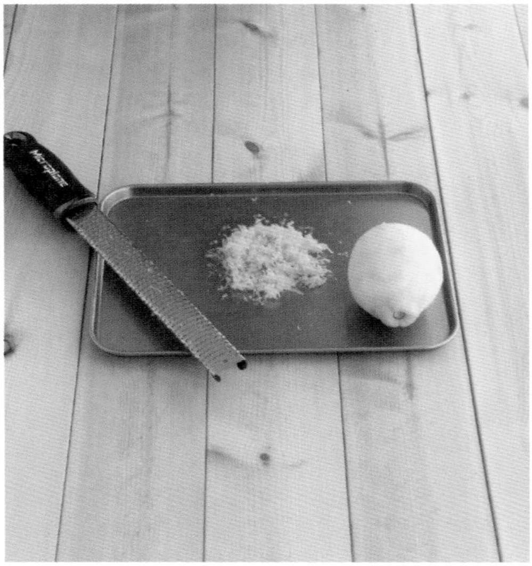

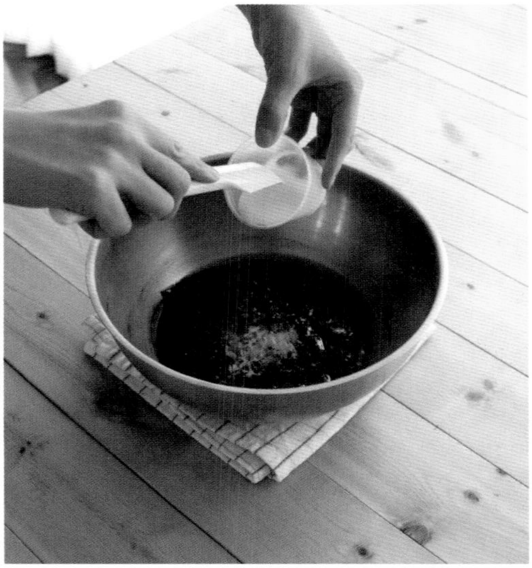

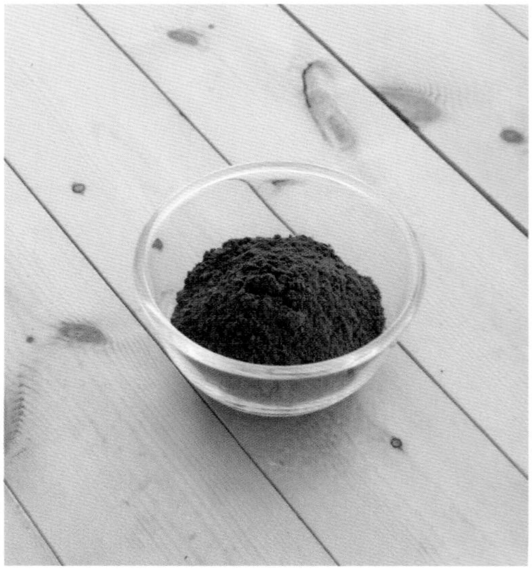

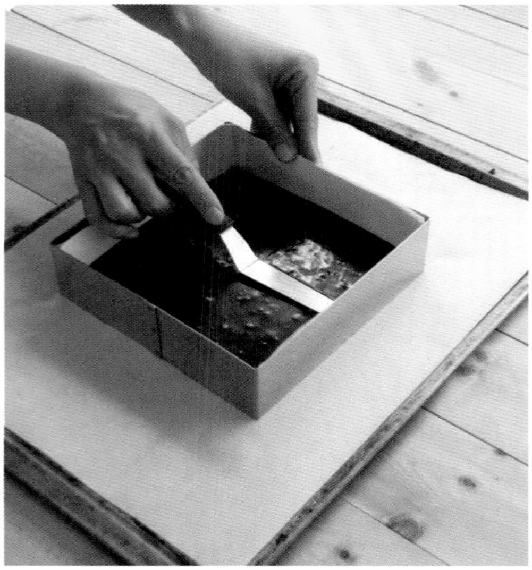

1 볼에 화이트 커버춰초콜릿과 버터를 넣고 뜨거운 물에 올려 중탕으로 녹입니다. 완전히 녹인 초콜릿+버터 반죽은 다른 재료와 유화가 잘 되도록 중탕물 위에 올려 40℃ 전후로 유지합니다.

2 다른 볼에 달걀을 풀어 알끈을 제거하고 설탕과 소금을 넣어 가볍게 섞습니다. 그다음 뜨거운 중탕물에 올려 손거품기를 좌우로 흔들면서 온도를 35~40℃까지 올립니다. 이때 설탕은 완전히 녹입니다.

3 따뜻하게 유지한 초콜릿+버터 반죽을 달걀 반죽에 넣고 손거품기를 세워서 매끈하게 섞습니다.

4 레몬제스트와 화이트럼, 연유를 차례대로 넣고 마찬가지로 손거품기를 세워서 천천히 섞다가 바닐라익스트랙트를 넣고 섞습니다.

5 박력분과 쑥가루를 체에 내려 넣고 손거품기를 세워서 가루가 날리지 않게 섞다가, 어느 정도 반죽이 섞이면 속도를 올려서 재빨리 섞습니다. 중간중간 볼의 가장자리를 정리하면서 날가루와 가루 덩어리가 없도록 매끈하게 섞습니다.

6 노루지를 깐 사각 무스틀에 반죽을 붓고 윗면을 미니 스패츌러로 평평하게 만든 후, 콩가루 소보로 반죽을 듬뿍 올려 160℃로 예열한 오븐에서 25~30분간 구우면 완성입니다.

SQUARE CAKE

분　　　량 | 사각 무스 2호틀 1개
오　　　븐 | 160℃, 10~12분
보관방법 | 밀폐용기나 봉투에 넣어 보관
기　　　간 | 실온에서 3~5일, 냉동으로 2주

약간 쌉싸름한 맛이 오히려 단맛을 극대화하는 캐러멜 브라우니입니다. 이 브라우니는 오븐에 완전히 굽는 것이 아니라 살짝 덜 익은 상태에서 꺼낸 다음 냉동고에 넣어 차갑게 굳혀 먹는 브라우니인데요. 그래서 더욱 촉촉하고 쫀득한 식감을 느낄 수 있습니다. 직접 만든 캐러멜소스를 활용해 맛있는 브라우니를 구워보세요.

재료

화이트 커버춰초콜릿 160g
캐러멜소스(p.26) 135g
달걀 60g
설탕 45g
소금 1g

연유 32g
화이트럼 7g
바닐라익스트랙트 1~2방울
박력분 85g

소보로 반죽(p.28) 150g

미리 준비하기

• 소보로 반죽을 제외한 모든 재료는 실온에 30분 정도 미리 꺼내두었다가 사용합니다.
• 소보로 반죽은 사용하기 직전까지 냉장고에 보관해 차갑게 준비합니다.
• 오븐은 160℃로 예열해둡니다.
• 가이드의 35p를 참고하여 사각 무스틀에 노루지를 깔아둡니다.

1

3

4 6

SQUARE
CAKE

1 볼에 화이트 커버춰초콜릿과 캐러멜소스를 넣고 전자레인지에 돌리거나 중탕하여 녹입니다. 완전히 녹인 초콜릿+캐러멜 반죽은 다른 재료와 유화가 잘 되도록 중탕물 위에 올려 40℃ 전후로 유지합니다.

+ 캐러멜소스가 실온에 있었다면 화이트 커버춰초콜릿만 녹이면 돼요.

2 다른 볼에 달걀을 풀어 알끈을 제거하고 설탕과 소금을 넣어 가볍게 섞습니다. 그다음 뜨거운 중탕물에 올려 손거품기를 좌우로 흔들면서 온도를 35~40℃까지 올립니다. 이때 설탕은 완전히 녹입니다.

3 따뜻하게 유지한 초콜릿+캐러멜 반죽을 달걀 반죽에 넣고 손거품기를 세워서 매끈하게 섞습니다.

4 연유와 화이트럼을 차례대로 넣고 손거품기를 세워서 천천히 섞다가 바닐라익스트랙트를 넣고 섞습니다.

5 박력분을 체에 내려 넣고 손거품기를 세워서 가루가 날리지 않게 섞다가, 어느 정도 반죽이 섞이면 속도를 올려서 재빨리 섞습니다. 중간중간 볼의 가장자리를 정리하면서 날가루와 가루 덩어리가 없도록 매끈하게 섞습니다.

6 노루지를 깐 사각 무스틀에 반죽을 붓고 윗면을 미니 스패츌러로 평평하게 만든 후, 소보로 반죽을 듬뿍 올려 160℃로 예열한 오븐에서 10~12분간 굽습니다. 그다음 냉동고에 1시간 정도 넣어 완전히 굳히면 완성입니다.

+ 덜 구운 상태에서 오븐에서 꺼내는 브라우니니, 무스틀 채로 냉동고에 넣어 굳혀주세요.

누텔라 브라우니

SQUARE CAKE

분　　　량 ┃ 사각 무스 2호틀 1개
오　　　븐 ┃ 160℃, 25~30분
보관방법 ┃ 밀폐용기나 봉투에 넣어 보관
기　　　간 ┃ 실온에서 3~5일, 냉동으로 2주

일명 '악마의 잼'이라고도 불리는 초코잼, 누텔라를 사용해 만
든 브라우니입니다. 누텔라는 헤이즐넛과 코코아가루, 설탕,
탈지분유 등으로 만든 잼인데요. 중독성 강한 맛 때문에 한 번
도 안 먹은 사람은 있어도 한 번만 먹은 사람은 없다죠.

재료

버터 80g
누텔라 220g
달걀 95g
무스코바도 설탕 50g
설탕 40g
소금 1g
바닐라익스트랙트 1~2방울

박력분 50g
코코아가루 10g

헤이즐넛 분태 70g

미리 준비하기

• 모든 재료는 실온에 30분 정도 미리 꺼내두었다가 사용합니다.
• 헤이즐넛은 180℃로 예열한 오븐에서 5분간 구워 로스팅 한 다음 잘게 잘라 식혀놓습니다.
• 오븐은 160℃로 예열해둡니다.
• 가이드의 35p를 참고하여 사각 무스틀에 노루지를 깔아둡니다.

1	
3	4
5	

1 버터와 누텔라를 각각 다른 볼에 넣고 뜨거운 물에 올려 버터는 중탕으로 녹이고 누텔라는 따뜻하게 데운 다음, 누텔라에 녹인 버터를 넣어 골고루 섞습니다. 잘 섞은 버터+누텔라 반죽은 다른 재료와 유화가 잘 되도록 중탕물 위에 올려 40℃ 전후로 유지합니다.

  + 누텔라는 녹지 않으니 따뜻하게 온도를 올려준다고 생각해주세요. 전자레인지를 이용해서 버터를 녹이거나 누텔라를 데운 후 섞어도 괜찮아요.

  + 녹인 버터와 데운 누텔라는 처음엔 잘 섞이지 않으니 손거품기를 세워서 골고루 섞어주세요. 이때 반죽 안으로 공기가 들어가지 않도록 주의해주세요.

2 다른 볼에 달걀을 풀어 알끈을 제거하고 무스코바도 설탕과 설탕, 소금을 넣어 가볍게 섞습니다. 그다음 뜨거운 중탕물에 올려 손거품기를 좌우로 흔들면서 온도를 35~40℃까지 올립니다. 이때 설탕은 완전히 녹입니다.

3 따뜻하게 유지한 버터+누텔라 반죽을 달걀 반죽에 넣고 손거품기로 매끈하게 섞다가, 바닐라익스트랙트를 넣고 한 번 더 가볍게 섞습니다.

4 박력분과 코코아가루를 체에 내려 넣고 손거품기를 세워서 가루가 날리지 않게 섞다가, 어느 정도 반죽이 섞이면 속도를 올려서 재빨리 섞습니다. 중간중간 볼의 가장자리를 정리하면서 날가루와 가루 덩어리가 없도록 매끈하게 섞습니다.

5 노루지를 깐 사각 무스틀에 반죽을 붓고 윗면을 미니 스패츌러로 평평하게 만든 후, 로스팅 한 헤이즐넛 분태를 올려 160℃로 예열한 오븐에서 25~30분간 구우면 완성입니다.

  + 헤이즐넛은 다른 견과류보다 많이 구워야 맛있어요. 브라우니 위에서 구워지는 온도와 시간으로는 충분히 구워지지 않으니 미리 로스팅 해서 사용하세요.

단호박 브라우니

SQUARE CAKE

분　　량 | 사각 무스 2호틀 1개
오　　븐 | 160℃, 20~25분
보관방법 | 밀폐용기나 봉투에 넣어 보관
기　　간 | 실온에서 3~5일, 냉동으로 2주

찐 단호박을 듬뿍 넣은 진짜 단호박 브라우니입니다. 만들자마자 바로 먹으면 화이트 초콜릿의 맛이 진하게 나지만, 하루가 지나면 단호박의 은은한 맛이 올라와서 더욱 맛있어져요. 기호에 따라 팥이나 콩 등을 넣어 만들면 색다르게 즐길 수 있어요.

재료

화이트 커버춰초콜릿 110g
버터 92g
달걀 35g
설탕 75g
소금 1g
바닐라익스트랙트 1~2방울

단호박 퓌레 110g
박력분 70g
단호박가루 12g

미리 준비하기

• 모든 재료는 실온에 30분 정도 미리 꺼내두었다가 사용합니다.
• 단호박 퓌레는 단호박을 전자레인지로 익혀서 수분을 충분히 날린 후 고운체에 걸러 만듭니다.
• 오븐은 160℃로 예열해둡니다.
• 가이드의 35p를 참고하여 사각 무스틀에 노루지를 깔아둡니다.

4

5

6

1 볼에 화이트 커버춰초콜릿과 버터를 넣고 뜨거운 물에 올려 중탕으로 녹입니다. 완전히 녹인 초콜릿+버터 반죽은 다른 재료와 유화가 잘 되도록 중탕물 위에 올려 40℃ 전후로 유지합니다.

2 다른 볼에 달걀을 풀어 알끈을 제거하고 설탕과 소금을 넣어 가볍게 섞습니다. 그다음 뜨거운 중탕물에 올려 손거품기를 좌우로 흔들면서 온도를 35~40℃까지 올립니다. 이때 설탕은 완전히 녹입니다.

3 따뜻하게 유지한 초콜릿+버터 반죽을 달걀 반죽에 넣고 손거품기를 세워서 섞습니다. 반죽이 매끈해지면 바닐라익스트랙트를 넣고 가볍게 섞습니다.

4 매끈하게 섞인 반죽에 단호박 퓌레를 넣고 손거품기로 섞습니다.
 + 미리 만들어둔 단호박 퓌레가 차가워졌다면 전자레인지에 살짝 데워 따뜻한 상태로 사용해주세요.

5 박력분과 단호박가루를 체에 내려 넣고 손거품기를 세워서 가루가 날리지 않게 섞다가, 어느 정도 반죽이 섞이면 속도를 올려서 재빨리 섞습니다. 중간중간 볼의 가장자리를 정리하면서 날가루와 가루 덩어리가 없도록 매끈하게 섞습니다.
 + 단호박가루는 베이킹재료를 파는 곳에서 쉽게 구입할 수 있어요.

6 노루지를 깐 사각 무스틀에 반죽을 붓고 윗면을 미니 스패츌러로 평평하게 만든 후, 160℃로 예열한 오븐에서 20~25분간 구우면 완성입니다.

블론디

SQUARE CAKE

분　　　량 | 사각 무스 2호틀 1개
오　　　븐 | 160℃, 25~30분
보관방법 | 밀폐용기나 봉투에 넣어 보관
기　　　간 | 실온에서 2~3일, 냉동으로 2주

브라우니의 사촌 격인 블론디입니다. 조금은 생소하게 들리는 블론디는 초콜릿을 넣지 않고 구운 화이트 브라우니라고 생각하면 훨씬 이해가 쉬울 거예요. 부드럽기보단 조금은 단단하면서도, 무스코바도 설탕의 풍미와 듬뿍 들어있는 초코칩의 조화가 무척이나 좋은데요. 취향에 따라 로투스쿠키를 올려 구우면 모양은 물론 맛도 아주 좋아요.

재료

버터 100g
달걀 80g
무스코바도 설탕 60g
설탕 20g
소금 1g
바닐라익스트랙트 1~2방울

박력분 110g
베이킹파우더 2g
빅초코칩 65g

장식용 빅초코칩 45g
장식용 로투스쿠키 4개

미리 준비하기

• 모든 재료는 실온에 30분 정도 미리 꺼내두었다가 사용합니다.
• 오븐은 160℃로 예열해둡니다.
• 가이드의 35p를 참고하여 사각 무스틀에 노루지를 깔아둡니다.

3

5

6

SQUARE
CAKE

1 볼에 버터를 넣고 뜨거운 물에 올려 중탕으로 녹입니다. 완전히 녹인 버터 반죽은 다른 재료와 유화가 잘 되도록 중탕물 위에 올려 40℃ 전후로 유지합니다.

2 다른 볼에 달걀을 풀어 알끈을 제거하고 무스코바도 설탕과 설탕, 소금을 넣어 가볍게 섞습니다. 그다음 뜨거운 중탕물에 올려 손거품기를 좌우로 흔들면서 온도를 35~40℃까지 올립니다. 이때 설탕은 완전히 녹입니다.

3 따뜻하게 유지한 버터 반죽을 달걀 반죽에 넣고 손거품기를 세워서 섞습니다. 반죽이 매끈해지면 바닐라익스트랙트를 넣고 가볍게 섞습니다.

4 박력분과 베이킹파우더를 체에 내려 넣고 손거품기를 세워서 가루가 날리지 않게 섞다가, 어느 정도 반죽이 섞이면 속도를 올려서 재빨리 섞습니다. 중간중간 볼의 가장자리를 정리하면서 날가루와 가루 덩어리가 없도록 매끈하게 섞습니다.

5 매끈해진 반죽에 빅초코칩을 넣고 골고루 섞습니다.
+ 빅초코칩이 없다면 일반 초코칩을 사용해도 좋아요.

6 노루지를 깐 사각 무스틀에 반죽을 붓고 윗면을 미니 스패출러로 평평하게 만든 후, 장식용 빅초코칩과 로투스쿠키를 올립니다. 그다음 160℃로 예열한 오븐에서 25~30분간 구우면 완성입니다.

PART 3

크림치즈
스퀘어케이크
CREAM CHEESE

베이크드 크림치즈케이크

SQUARE CAKE

분　　　량 | 사각 무스 2호틀 1개
오　　　븐 | 170℃, 35~40분
보관방법 | 밀폐용기나 봉투에 넣어 보관
기　　　간 | 냉장에서 3~5일, 냉동으로 2주

치즈케이크의 가장 기본이라고 할 수 있는 베이크드 크림치즈케이크입니다. 만들기 쉽고 뻑뻑하지 않아 부드럽게 넘어가는 것이 매력인데요. 좀 더 묵직한 스타일을 원한다면 크림치즈를 조금 더 넣어서 만들어도 좋아요. 취향에 따라 레몬이나 오렌지를 추가해서 다양한 스타일로 만들어보세요.

재료

크림치즈 220g
버터 30g
설탕 88g
소금 1g
옥수수전분 15g
달걀 52g

사워크림 120g
생크림 190g
연유 23g
바닐라익스트랙트 1~2방울

파트 사블레(p.24) 1개

미리 준비하기

• 크림치즈와 버터는 미리 실온에 꺼내두어 주걱으로 쉽게 풀어질 정도로 말랑하게 만듭니다.
• 모든 재료는 실온에 미리 꺼내두어 냉기가 사라지면 사용합니다.
• 오븐은 170℃로 예열해둡니다.
• 가이드의 35p를 참고하여 사각 무스틀에 노루지를 깔고, 미리 구워둔 파트 사블레를 넣어 준비합니다.

1 볼에 말랑한 크림치즈를 넣고 고무주걱으로 부드럽게 풀다가 포마드 상태의 버터를 넣어 골고루 섞습니다.

+ 차가운 크림치즈는 랩에 싸서 전자레인지에 10초씩 끊어 돌리거나 중탕볼에 넣고 데워서 사용합니다. 이때 크림치즈는 녹이는 것이 아니라 데우는 것임을 명심해야 합니다.

+ 크림치즈를 풀어줄 때 믹싱기를 사용하면 실온 상태일지라도 작은 덩어리들이 생깁니다. 만약 믹싱이나 손거품기를 사용해야 한다면 크림치즈와 버터를 주걱으로 부드럽게 만든 다음 사용하는 것이 좋습니다. 작은 덩어리들은 반죽에 큰 영향을 주지는 않지만 그래도 마음에 걸린다면 틀에 넣기 전에 고운체에 한번 걸러 사용하면 됩니다.

2 부드럽게 풀어진 크림치즈+버터 반죽에 설탕과 소금, 옥수수전분을 한
번에 다 넣고 고무주걱으로 골고루 섞습니다.

+ 반죽에 수분이 많을 때보다 되직할 때 설탕과 가루재료를 섞어서 넣어야 뭉치지 않
고 잘 섞입니다.

+ 옥수수전분은 가루재료지만 글루텐이 없기 때문에 따로 체에 내려 넣지 않아도 됩
니다. 옥수수전분 대신 박력분을 사용하고 싶다면 먼저 설탕과 소금에 체에 내린 박
력분을 섞은 다음 볼에 넣으면 뭉침 없이 잘 섞입니다.

3 다른 볼에 달걀을 푼 다음, 반죽에
두 번에 걸쳐 나눠 넣어가며 고무주
걱으로 섞습니다.

+ 달걀의 끈기와 수분 때문에 너무 많은 양
을 한 번에 넣으면 반죽이 분리될 수 있
으니 조금씩 나눠 넣도록 합니다.

+ 의도치 않게 갑자기 많은 양의 달걀을 넣
었을 경우 손거품기를 이용해서 매끈하
게 섞으면 됩니다. 하지만 믹싱기의 경우
불필요한 기공을 만들기 때문에 추천하
지 않습니다.

4 사워크림과 생크림, 연유를 차례대로 넣고 주걱으로 섞다가 바닐라익스트랙트를 넣고 한 번 더 가볍게 섞어 매끈하게 만듭니다.

+ 사워크림, 생크림, 연유의 순서는 바뀌어도 상관없습니다.

+ 이 과정에서 반죽을 섞는 것이 힘들다면 손거품기를 사용해도 되지만, 반죽을 각 공정마다 잘 섞었다면 굳이 손 거품기를 사용하지 않아도 고무주걱으로 끝까지 매끈하게 섞을 수 있습니다.

+ 달걀의 비린내나 가루재료의 풋내 등을 없애주는 바닐라익스트랙트는 공정 과정 중 아무 때나 넣어도 상관없습 니다.

5 파트 사블레를 넣어둔 사각 무스틀에
반죽을 붓고 윗면을 미니 스패츌러로
평평하게 만든 후, 170℃로 예열한
오븐에서 35~40분간 구우면 완성입
니다.

+ 책에서 소개하는 크림치즈 스퀘어케이크의
모든 레시피는 중탕으로 굽는 방법이 아닌
베이크드 방법으로 굽는 레시피입니다. 그
러니 구울 때 팬에 물을 붓지 않습니다.

SQUARE CAKE

분　　　량 | 사각 무스 2호틀 1개
오　　　본 | 170℃, 30~35분
보관방법 | 밀폐용기나 봉투에 넣어 보관
기　　　간 | 냉장에서 3~5일, 냉동으로 2주

로스팅 한 호두를 듬뿍 갈아 넣어 호두의 맛이 진하게 올라오는 크림치즈케이크입니다. 메이플시럽을 넣어 호두의 떫은맛을 잡아 고소함만 남기고 여기에 달달함까지 더했으니 맛이 없을 수가 없죠. 호두를 곱게 갈아서 넣었기 때문에 견과류를 잘 안 먹는 아이들에게 영양 간식으로 챙겨줘도 아주 좋아요.

재료

크림치즈 250g
버터 15g
설탕 55g
소금 1g
옥수수전분 15g
달걀 50g

호두 65g
우유 85g
메이플시럽 62g
바닐라익스트랙트 1~2방울

파트 사블레(p.24) 1개

미리 준비하기

• 크림치즈와 버터는 미리 실온에 꺼내두어 주걱으로 쉽게 풀어질 정도로 말랑하게 만듭니다.
• 모든 재료는 실온에 미리 꺼내두어 냉기가 사라지면 사용합니다.
• 오븐은 170℃로 예열해둡니다.
• 호두는 미리 로스팅 해 잡내를 없애고 더욱 고소하게 만들어둡니다.
• 가이드의 35p를 참고하여 사각 무스틀에 노루지를 깔고, 미리 구워둔 파트 사블레를 넣어 준비합니다.

4

5 6

1 크림치즈와 볼에 크림치즈를 넣고 고무주걱으로 부드럽게 풀다가 말랑한 상태의 포마드 버터를 넣고 골고루 섞습니다.

2 설탕과 소금, 옥수수전분을 섞은 다음 크림치즈+버터 반죽에 한 번에 다 넣고 고무주걱으로 날가루가 없도록 섞습니다.

3 다른 볼에 달걀을 푼 다음, 반죽에 두 번에 걸쳐 나눠 넣어가며 골고루 섞습니다.

4 믹서에 로스팅 한 호두와 우유를 넣고 곱게 간 다음, 메이플시럽을 넣고 섞습니다.
+ 호두를 굽지 않고 그냥 사용하면 비린내가 날 수 있으니, 미리 충분히 구워서 고소한 맛이 올라오게 만든 후 사용해주세요.

5 호두+우유+메이플시럽을 반죽에 넣고 골고루 섞다가 바닐라익스트랙트를 넣고 한 번 더 가볍게 섞습니다.

6 파트 사블레를 넣어둔 사각 무스틀에 반죽을 붓고 윗면을 미니 스패츌러로 평평하게 만든 후, 170℃로 예열한 오븐에서 30~35분간 구우면 완성입니다.

오레오 크림치즈케이크

SQUARE CAKE

분　　　량 | 사각 무스 2호틀 1개
오　　　븐 | 170℃, 30~35분
보관방법 | 밀폐용기나 봉투에 넣어 보관
기　　　간 | 냉장에서 3~5일, 냉동으로 2주

아이들이 가장 좋아할 오레오 크림치즈케이크입니다. 오레오는 호불호가 적은 과자 중에 하나인데요. 이 오레오를 듬뿍 넣어 크림치즈케이크를 만들었습니다. 반으로 뚝! 자르면 겹겹이 보이는 단면도 참 재미있어서 아이들 생일파티에 제격이에요.

재료

크림치즈 260g
설탕 65g
옥수수전분 15g
달걀 50g
생크림 120g
사워크림 70g
바닐라익스트랙트 1~2방울

충전용 오레오 32개
장식용 오레오 10~12개

[오레오쿠키 시트]
오레오 분말 100g
버터 35g

미리 준비하기

• 크림치즈와 버터는 미리 실온에 꺼내두어 주걱으로 쉽게 풀어질 정도로 말랑하게 만듭니다.
• 모든 재료는 실온에 미리 꺼내두어 냉기가 사라지면 사용합니다.
• 오레오쿠키 시트에 들어가는 오레오 분말은 오레오를 반으로 나눠 크림을 제거한 다음 곱게 부숴서 준비합니다.
• 오븐은 170℃로 예열해둡니다.
• 가이드의 35p를 참고하여 사각 무스틀에 노루지를 깔아둡니다.

1 **[오레오쿠키 시트]** 볼에 크림을 제거해 잘게 부순 오레오 분말과 말랑한 상태의 포마드 버터를 넣고 골고루 섞은 다음, 노루지를 깐 사각 무스틀에 넣고 평평하게 눌러 시트를 만듭니다. 오레오쿠키 시트는 사용하기 직전까지 냉장고에 넣어둡니다.

2 볼에 크림치즈를 넣고 고무주걱으로 부드럽게 풀다가 설탕과 옥수수전분을 섞어서 한 번에 다 넣은 다음 날가루가 없도록 섞습니다.

＋ 수입 오레오는 국내에서 판매되는 오레오에 비해 짠맛이 강한 편이기 때문에 소금을 빼고 만들었어요. 하지만 국내 판매용 오레오를 사용하는 경우라면 설탕과 옥수수전분을 넣을 때 소금 1g을 같이 넣고 만들어주세요.

3 다른 볼에 달걀을 푼 다음, 반죽에 두 번에 걸쳐 나눠 넣어가며 분리되지 않도록 골고루 섞습니다.

4 생크림과 사워크림을 각각 넣고 섞다가 바닐라익스트랙트를 넣어 한 번 더 가볍게 섞습니다.

5 냉장고에 넣어둔 오레오쿠키 시트를 꺼내 시트를 얇게 덮을 정도로 반죽을 붓고 충전용 오레오를 16개만 깔아줍니다. 그 위에 다시 반죽을 부어 얇게 덮고 남은 오레오를 엇갈리게 올린 뒤 반죽을 전부 붓습니다.

6 반죽의 윗면을 미니 스패츌러로 평평하게 만든 후 장식용 오레오를 올리고, 170℃로 예열한 오븐에서 30~35분간 구우면 완성입니다.

흑당 크림치즈케이크

SQUARE CAKE

분 량	사각 무스 2호틀 1개
오 븐	170℃, 30~35분
보관방법	밀폐용기나 봉투에 넣어 보관
기 간	냉장에서 2~3일, 냉동으로 10일

흑당 시럽을 듬뿍 올려서 먹는 흑당 크림치즈케이크입니다. 그냥 크림치즈케이크만 먹어도 맛있지만 흑당 생크림과 흑당 시럽까지 더하면 너무너무 맛있어요. 담백하게 즐기고 싶을 때는 크림치즈케이크만, 달달한 케이크가 생각나면 흑당 시럽을 듬뿍 뿌려 드셔보세요!

재료

크림치즈 250g	바닐라익스트랙트 1~2방울	[흑당 생크림]	[흑당 시럽]
버터 25g	구운 흑당 소보로(p.28) 100~120g	생크림 200g	무스코바도 설탕 100g
무스코바도 설탕 80g	흑당 소보로 반죽(p.28) 100g	무스코바도 설탕 20g	물 100g
소금 1g		설탕 15g	물엿 40g
옥수수전분 15g	파트 사블레(p.24) 1개	메이플시럽 15g	
달걀 60g			
메이플시럽 30g			
생크림 80g			

미리 준비하기

- 크림치즈와 버터는 미리 실온에 꺼내두어 주걱으로 쉽게 풀어질 정도로 말랑하게 만듭니다.
- 흑당 소보로 반죽을 제외한 모든 재료는 실온에 미리 꺼내두어 냉기가 사라지면 사용합니다.
- 100~120g의 흑당 소보로 반죽은 180℃ 오븐에서 12~15분간 갈색이 날 때까지 충분히 구운 다음 식혀서 준비합니다.
- 100g의 흑당 소보로 반죽은 사용하기 직전까지 냉장고에 보관해 차갑게 준비합니다.
- 오븐은 170℃로 예열해둡니다.
- 가이드의 35p를 참고하여 사각 무스틀에 노루지를 깔고, 미리 구워둔 파트 사블레를 넣어 준비합니다.

1 볼에 크림치즈를 넣고 고무주걱으로 부드럽게 풀다가 말랑한 상태의 포마드 버터를 넣고 골고루 섞습니다.

2 크림치즈+버터 반죽에 무스코바도 설탕과 소금, 옥수수전분을 섞어서 한 번에 다 넣은 다음 날가루가 없도록 섞습니다.

3 다른 볼에 달걀을 푼 다음, 반죽에 두 번에 걸쳐 나눠 넣어가며 분리되지 않도록 골고루 섞습니다.

4 메이플시럽과 생크림을 각각 넣고 섞다가 바닐라익스트랙트를 넣고 한 번 더 가볍게 섞습니다.

5 파트 사블레를 넣어둔 사각 무스틀에 미리 구워둔 흑당 소보로를 올리고 그 위에 반죽을 부어 덮습니다. 반죽의 윗면을 미니 스패츌러로 평평하게 만든 후, 흑당 소보로 반죽을 듬뿍 올려 170℃로 예열한 오븐에서 30~35분간 구운 다음 완전히 식힙니다.

6 [흑당 생크림] 볼에 생크림과 무스코바도 설탕, 설탕, 메이플시럽을 넣고 휘핑해 단단한 거품을 올려 흑당 생크림을 만듭니다.

7 5번에서 구워 완전히 식힌 크림치즈케이크를 사각 무스틀에 넣고 단단히 휘핑한 흑당 생크림을 올려 윗면을 평평하게 정리한 다음 냉동고에서 30분 정도 굳힙니다.

8 [흑당 시럽] 냄비에 무스코바도 설탕과 물을 넣고 졸이다가 마지막에 물엿을 넣고 섞은 뒤 완전히 식혀 흑당 시럽을 만듭니다.
  + 너무 졸이면 시럽이 딱딱해질 수 있어요. 지름 20~25cm 냄비를 사용할 경우 주걱으로 가운데를 그었을 때 길이 생길 정도로만 졸이면 돼요.

9 냉동고에서 굳힌 크림치즈케이크를 꺼내 칼이나 스패츌러를 이용해 틀에서 분리한 뒤 흑당 시럽을 뿌리면 완성입니다.
  + 흑당 시럽을 뿌리지 않고 스포이드에 담아 케이크에 꽂아도 좋아요.

유자 고르곤졸라 크림치즈케이크

SQUARE CAKE

분　　량 | 사각 무스 2호틀 1개
오　　븐 | 170℃, 30~35분
보관방법 | 밀폐용기나 봉투에 넣어 보관
기　　간 | 냉장에서 3~5일, 냉동으로 2주

단짠단짠의 매력이 있는 고르곤졸라 크림치즈케이크에 유자를 더했습니다. 상큼한 유자 향과 고르곤졸라 치즈의 향이 너무 잘 어울리는 케이크예요. 취향에 따라 치즈나 유자를 더 추가해서 만들어보세요. 어떻게 만들어 먹어도 맛있답니다.

재료

크림치즈 200g
설탕 65g
소금 2g
옥수수전분 15g
달걀 53g
고르곤졸라 치즈 78g
우유 80g
생크림 30g

바닐라익스트랙트 1~2방울
다진 유자청 120g
충전용 고르곤졸라 치즈 약간

파트 사블레(p.24) 1개

미리 준비하기

• 크림치즈는 미리 실온에 꺼내두어 주걱으로 쉽게 풀어질 정도로 말랑하게 만듭니다.
• 모든 재료는 실온에 미리 꺼내두어 냉기가 사라지면 사용합니다.
• 오븐은 170℃로 예열해둡니다.
• 가이드의 35p를 참고하여 사각 무스틀에 노루지를 깔고, 미리 구워둔 파트 사블레를 넣어 준비합니다.

4	
5	6

1 볼에 크림치즈를 넣고 고무주걱으로 부드럽게 풀어줍니다.

2 잘 풀어진 크림치즈에 설탕과 소금, 옥수수전분을 섞어서 한 번에 다 넣은 다음 날가루가 없도록 섞습니다.

3 다른 볼에 달걀을 푼 다음, 반죽에 두 번에 걸쳐 나눠 넣어가며 골고루 섞습니다.

4 고르곤졸라 치즈와 우유를 믹서에 넣고 갈아줍니다.

5 반죽에 고르곤졸라 치즈+우유를 넣고 섞다가 생크림을 넣어 섞습니다. 마지막으로 바닐라익스트랙트를 넣고 한 번 더 가볍게 섞습니다.

6 파트 사블레를 넣어둔 사각 무스틀에 다진 유자청을 깔고 취향에 맞게 충전용 고르곤졸라 치즈를 올린 다음 반죽을 붓습니다. 반죽의 윗면을 미니 스패츌러로 평평하게 만든 후, 170℃로 예열한 오븐에서 30~35분간 구우면 완성입니다.

스퀘어케이크
응용 TIP

스퀘어케이크는 다른 케이크와 달리 다양한 버전으로 응용해서 만들 수 있습니다. 파트 사블레 위에 브라우니나 버터케이크 반죽을 올려서 굽기도 하고, 브라우니 안에 또 다른 브라우니를 넣어 굽기도 하죠. 또한 크림치즈케이크 위에 생크림을 올리거나 브라우니를 올려 구울 수도 있습니다.

여기에서는 스퀘어케이크를 더욱 다양하게 만들 수 있도록 세 가지 응용 TIP을 소개해 드립니다. TIP을 참고해 나만의 스퀘어케이크를 만들어보세요.

헤이즐넛 타르트

분　　량 | 사각 무스 2호틀 1개
오　　븐 | 160℃, 20분

재료

파트 사블레(p.24)
누텔라 브라우니(p.108) + 배합의 70%만 사용해서 구워주세요.
밀크 가나슈(p.34)
　　밀크 커버춰초콜릿 250g, 생크림 165g, 포마드 버터 15g, 물엿 15g + 밀크 커버춰초콜릿은 발로나사 지바라라떼(40%)를 사용했어요.
충전용 헤이즐넛
토핑용 헤이즐넛 크런치 과자

HOW TO MAKE

1　노루지를 깐 사각 무스틀에 구워서 식힌 파트 사블레를 넣어둡니다.

2　누텔라 브라우니 반죽을 파트 사블레 위에 부은 후 160℃로 예열한 오븐에서 20분간 구워 식힙니다.

3　가이드를 참고해 분량에 따라 밀크 가나슈를 만듭니다.

4　2번에서 완전히 식힌 누텔라 브라우니 위에 충전용 헤이즐넛을 넣고 밀크 가나슈를 부은 다음, 냉장고에 넣어 완전히 굳힙니다.

5　단단히 굳은 타르트는 칼이나 스패츌러를 이용해 틀에서 분리한 뒤, 토핑용 헤이즐넛 크런치 과자를 올리면 완성입니다.

메이플 크림치즈 가나슈

분　량 | 사각 무스 2호틀 1개
오　븐 | 170℃, 35~40분

재료

파트 사블레(p.24)

베이크드 크림치즈케이크(p.122)

초코 가나슈(p.34)

　다크 커버춰초콜릿 150g, 생크림 110g, 포마드 버터 10g, 물엿 8g + 다크 커버춰초콜릿은 발로나사 까라이브(66%)를 사용했어요.

메이플 생크림

　생크림 250g, 마스카포네 치즈 25g, 설탕 10g, 메이플시럽 20g

HOW TO MAKE

1　노루지를 깐 사각 무스틀에 구워서 식힌 파트 사블레를 넣어둡니다.

2　베이크드 크림치즈케이크 반죽을 파트 사블레 위에 부은 후, 170℃로 예열한 오븐에서 35~40분간 구운 다음 냉장고에 넣어 식힙니다.

3　가이드를 참고해 분량에 따라 초코 가나슈를 만듭니다.

4　2번에서 완전히 식힌 베이크드 크림치즈케이크 위에 초코 가나슈를 부은 다음, 다시 냉장고에 넣어 굳힙니다.

5　볼에 분량의 메이플 생크림 재료를 모두 넣고 휘핑해 메이플 생크림을 만듭니다.

6　메이플 생크림을 완전히 굳은 초코 가나슈 위에 올려 냉장고에서 굳히면 완성입니다.

　+ 분량 외의 메이플시럽을 스포이드에 담아 케이크에 꽂아 장식하면 더욱 좋아요.

단호박 초코 브라우니

분　　량 | 사각 무스 2호틀 1개
오　　븐 | 160℃, 20분

재료

단호박 브라우니(p.112)
파베 브라우니(p.92)

HOW TO MAKE

1　단호박 브라우니를 구운 다음 냉장고에 넣어 충분히 식힙니다.

2　파베 브라우니 반죽을 만듭니다.

3　노루지를 깐 사각 무스틀에 파베 브라우니 반죽의 반을 붓고 1번에서 구워 식힌 단호박 브라우니를 넣은 다음, 남은 파베 브라우니 반죽을 모두 붓습니다. 반죽의 윗면을 평평하게 만들고 160℃로 예열한 오븐에서 20분간 구우면 완성입니다.

허니쿠키의 사각형 속 달콤한 디저트

스퀘어케이크

초판 3쇄 발행일	2021년 03월 10일
초 판 발 행 일	2020년 01월 10일
발 행 인	박영일
책 임 편 집	이해욱
저 자	김지은
편 집 진 행	강현아
표 지 디 자 인	이미애
편 집 디 자 인	신해니
발 행 처	시대인
공 급 처	(주)시대고시기획
출 판 등 록	제 10-1521호
주 소	서울시 마포구 큰우물로 75 [도화동 538 성지 B/D] 6F
전 화	1600-3600
팩 스	02-701-8823
홈 페 이 지	www.sidaegosi.com
I S B N	979-11-254-6544-7[13590]
정 가	14,800원